王熙元 / 著

心如明镜

幸福与快乐十三讲

中国出版集团
中国民主法制出版社

全国百佳图书
出版单位

图书在版编目（CIP）数据

心如明镜：幸福与快乐十三讲 / 王熙元著 .
北京：中国民主法制出版社，2024.9. — ISBN 978-
7-5162-3764-9

Ⅰ . B825-49

中国国家版本馆 CIP 数据核字第 2024ES1282 号

图书出品人：刘海涛
出版统筹：石　松
责任编辑：张佳彬　姜　华

书　　名／心如明镜——幸福与快乐十三讲
作　　者／王熙元　著

出版·发行／中国民主法制出版社
地址／北京市丰台区右安门外玉林里 7 号（100069）
电话／（010）63055259（总编室）　63058068　63057714（营销中心）
传真／（010）63055259
http://www.npcpub.com
E-mail: mzfz@npcpub.com
经销／新华书店
开本／16 开　710 毫米 × 1000 毫米
印张／16　字数／220 千字
版本／2024 年 10 月第 1 版　2024 年 10 月第 1 次印刷
印刷／三河市宏图印务有限公司

书号／ISBN 978-7-5162-3764-9
定价／68.00 元

序

王立胜

　　《心如明镜——幸福与快乐十三讲》这部书，全面反映了作者对大禹谟"人心惟危，道心惟微，惟精惟一，允执厥中"这四句话十六字圣人心法的学思践悟，记述了作者沿着中国古代圣人所指引的修身做学问路径，"夭寿不二，修身以俟"而发生的变化、产生的奇迹，可以说是对中国传统文化关于修身做学问的现实版无心而合的实证。

　　"人心惟危，道心惟微，惟精惟一，允执厥中"，这四句话十六字圣人心法，出自《尚书·大禹谟》，源于尧传帝位给舜、舜传帝位给禹时的谆谆告诫。这十六字圣人心法，既是对帝王的遗训，也是对天下人的明示。证悟远古尧舜禹智慧，体悟发现自然大道，坚持古为今用、推陈出新，"以古人之规矩，开自己之生面"，无疑是一个创新，其意义不言而喻。这也证明，只要人们信仰古代圣贤思想和观念，做到知行合一，灵魂便能够被照亮，并获得神奇的体悟和神圣的启示。

　　我们每个人来到这个世界上，都需要承担责任，没有责任的人生是空虚的，不敢承担责任的人生是脆弱的，人生是一连串责任的积累。人的一生，要对自己负责，要对父母负责，要对子女负责，要对社会和国家负责。而这一切，都必须先要寻找到自己，寻找到自己那颗赤诚的心，只有寻找到那个愈挫愈勇的自己，方能寻找到归属于自己的人生价值。圣人深入思考天下大事，思考的结论是：没有什么比生命更重要。那么，生命的意义到底是什么呢？儒、释、道三家的思想是我国传统文化的精髓，千百年来，人们遵循着"以佛治心、以道治身、以儒治世"的思想理念。王阳明认为人生第一等事是做圣人，"只要是圣人，必有伟大而坚定的信念，具有超乎寻常的意志力和思想，具有重造社会价值传统，拯救世道人心的崇高理想。"

寻找到自己，与其说需要机缘，不如说需要道缘。人一生中都会遇到几次大的转折点，也就是人生的十字路口。外界环境的变化是机遇还是危险，每个人可能会有不同的选择和体验，这就是我们常说的"命运"。人的命运，简单说就是人与自身的关系、与社会的关系、与自然的关系的总和。经验证明，所有转机的来临，是众多人不可思议地在背后发挥着无可替代的作用的结果。需要指出的是，人与自身的关系、与自然的关系也是客观的，虽然只有当事人自知，但它对于修身做学问的事功来讲，却是有很大的影响。不管怎样，当转机来临的时候，与其计算无谓的得失，还不如认真地把握住。如何利用从别人那里获得的机缘？不能靠别人，只能由自己决定。要知道，舜这样的圣人，遇到象这样的弟弟，他才能在难事上得到磨砺，曾益其所不能，才能在处理类似的难事上游刃有余。

本书是一个实践、实操的记录或反映，就像是对儒家传统文化价值理想的复盘，闪烁着传统文化之光，充满着活生生的生命能量。这彰显出作者一颗赤诚的心，这颗心在天为道心，在人为仁心。仁者与万物同为一体，最高境界是"无我"，即"人与道凝"。拥有这种思想境界的人，无论发生怎样的事都不是事，无论遇到怎样的难都不是难。正如俗话说的那样，泰山崩于前而色不变，黄河决于顶而面不惊。这样的人无论在哪里都不会怨恨，此所谓"在邦无怨、在家无怨"，亦即不怨天、不尤人，自然会找到一个愈挫愈勇的自己，功到自然成。宁静、平和与喜悦成为常态，幸福和快乐亦在其中了，这便是修身做学问的价值所在。中国传统文化关于修身做学问的论述很多，但能悟得大本大源，顿悟真理，证悟智慧，获得神奇的体悟和神圣般的启示，毋庸置疑是弥足珍贵、意义非凡的。

《心如明镜——幸福与快乐十三讲》源于作者自身修身做学问的经历和体验。因为作者修身做学问是内心驱动、有意而为的，所以可以说它是作者"自主"；修身做学问的路径是作者自己的选择和实践，是唯一的，所以可以说它是"天意"；作者修身做学问的主客观条件是足具的、不可或缺的，所以可以说他有"神助"。看得出来，这本书没有什么理论或推论，只是作者自己对古代圣贤智慧的修习实践，是学、思、行的写实，一切体悟发现都源自内在——一个深层心理通道打通后的意识自在可以安住的地方，一个一接触真理就会认出它的地方，有智慧之光、有真理彰显、有内在能量，从那里可以获得无穷无尽的智慧和力量。安住在那里，会有无穷的活力，意密无限，会体悟发现宇宙间万事万物生生不息的源泉和永恒的真理（天理良知），亦或是对邪恶的缚约与审判。这便是建立在宁静、平和与喜悦基础之上的幸福和快乐的本质："人与道凝"。

德国心理分析师埃克哈特·托利在《当下的力量》中讲道，当你觉知到意识自在（本体），并保持这种觉知体验的状态就是开悟。"开悟是一个圆满的境界，合一而和平，与生命以及它所显化的世界合一，同时，与你最深的自我的未显化的生命，也就是本体合一，开悟不仅是痛苦和身心内外冲突的终结，也是思考的终结，这将会是一次不可思议的解放。"灵性开悟能得到宁静和喜悦的体验，是痛苦和身心内外冲突的终结，可以感知能量和活力。这也许正是苏格拉底所说的，"人的无形意识是（或者应该是）世间万物最后尺度"。另外，体验到你的本体只是开悟，是灵修的目的，但中国传统文化的修身做学问，是要悟道成圣，悟得天理良知，还要尽到"修己以安百姓"之责。其鲜明浓盛之情跃然纸上，令人心向往之。这便是悟道成圣与灵修开悟的差别，也是灵修与中国传统文化提出的修身做学问最终目标的天壤之别。也许只有中国传统文化提出的修身做学问，才能达到"人与道凝"的天人合一的最高境界。

《心如明镜——幸福与快乐十三讲》，告诉人们的是为什么要修身做学问、怎样修身做学问，教给人们的是一种新的生活方式，也是修身做学问的圣学法门。它表明，我们不仅可以生活在一个没有痛苦、没有焦虑、没有神经质的状态中，还可以生活在一个充分实现人的本质的力量，即实现看到真理即顿悟的内在力量的状态中，从而达到工作、生活、学习的智慧化和神圣化。为了实现这一点，我们必须首先成为智者。我相信这本书对那些希望改变内心状态的人，特别是意欲获得心灵宁静、平和与喜悦的人来说，是一种催化剂。我同样也希望那些发现这本书价值的人能认真地读一读，尽管他们可能还不能完全地实践它。但这本书播下的种子，有可能会和读者内在已经拥有的志心沃土相结合，从而在他们体内萌芽、生长。或许，这才是本书最深层的价值。

如果你有能力、有条件的话，吃穿住用无忧的话，如果你立志自己活得更好、更轻松，过得更开心、活得更有意义和价值的话，如果人生路上你有了可资利用的闲暇，而且你想把日常生活中受的烦恼降至最低，尤其是又有了"往里走，才能安顿自己"的奇遇的话，如果你对中国传统文化抱有温情，又有起码的学习能力的话，如果你想证悟智慧，实现立德、立言、立功而成为圣贤的话，就来认真地阅读和体悟这本书吧。让这本书带你与尧舜一样，顺天应人，行稳致远，最终到达人生的彼岸。

序言作者为中国社会科学院哲学研究所研究员，博士生导师。享受国务院政府特殊津贴。兼任中国领导科学研究会常务副会长、中国辩证唯物主义研究会副会长、全国毛泽东哲学思想研究会副会长、中国《资本论》研究会副会长、中国马克思主义哲学史学会副会长等。曾任中国社会科学院经济研究所党委书记、副所长，中国社会科学院哲学研究所党委书记、副所长，中国社会科学院文化研究中心主任，中国社会科学院大学哲学院院长等。

目录

前　言

禹曰："惠迪吉，从逆凶，惟影响。"(《尚书·大禹谟》) 意思是说，凡是顺道从善的就得福，逆道从恶的就得祸，如影随形，如响应声。

根据《尚书》《史记》等有关典籍记载，虞舜为人处世、治国理政，皆以德为先导，以和谐为依归。舜具有自然至诚之品性，一生追求和合、和平、和谐，为万代敬仰。

几千年前，在尧、舜、禹、汤、文、武的时候，他们说的话，天下百姓没有不信任的；他们做的事，天下百姓没有不高兴的。"人心惟危，道心惟微，惟精惟一，允执厥中"，这四句话十六字心传，出自《尚书·大禹谟》，源于尧传帝位给舜、舜传帝位给禹时的谆谆告诫。既是对帝王的遗训，也是对天下人的明示。证悟远古尧舜禹智慧，体悟发现自然大道，坚持古为今用、推陈出新，"以古人之规矩，开自己之生面"，无疑是一个创新，其意义不言而喻。

古人说，道的实质是用来保养身体的，多余的部分用来治理国家，再剩下的琐碎部分用来治理天下。圣人深入思考天下大事，思考的结论是：没有什么比生命更重要。那么，生命的意义到底是什么呢？儒、释、道三家的思想是我国传统文化的精髓，千百年来，人们遵循着"以佛治心、以道治身、以儒治世"的思想理念。王阳明认为，人生第一等事应是做圣贤，"圣人，必有伟大而坚定的信念，具有超乎常人的意志力和思想。他怀揣着重建社会价值传统，挽救世道人心的崇高理想"。仁者长存焉。责任是一个人的仁心，是一种天赋使命。我们每个人来到这个世界上，都需要承担责任，没有责任的人生是空虚的，不敢承担责任的人是脆弱的，人生是一连串的责任的积累。人的一生，要对自己负责，要对父母负责，要对子女负责，要对社会和国家负责。而这一切，必须先寻找到自己，寻找到自己的那颗赤诚之心，寻找那一个愈挫愈勇的自己，才可以寻找归属于自己的人生价值。

寻找到自己，与其说需要机缘，还不如说需要道缘。人一生中都会遇到几次大的转折点，也就是人生的十字路口，外界环境的变化是机会还是危险，每个人可能会有不同的选择和体验，这就是我们常说的"命运"。人的命运，简单来说，就是人与自身的关系、与社会的关系、与自然的关系的总和。客观上说，人生的确就像火车行驶在轨道上一样，突然间机缘巧合（鬼使神差）出现个"道岔"，便改变了人生发展的方向，而出现这个"道岔"，不管你情愿不情愿，都要接受这种改变，除非你有能力再把它掉转过来，可这真是不可能的。经验证明，所有的转机来临，在许多看似不可思议的成就背后，总有一些人发挥着不可替代的作用。遇到"道岔"，改变了方向，这往往需要你率性顺势而为，朝着能使你更加光彩的人生进发。关键是你要寻找到自己那颗赤诚的心，跟随心的决定和引领。"苍天是否降大任难以确定，但人在困难环境中，必须努力唤醒个人的主体性，以人心支配人身，达到身心如一的境地，才能顺应天命，建立完全的自我/勋业，使自己由自然人升格为道德人、宇宙人。"（引自北京大学韩毓海《经典重释如何守正创新》）赤诚的心，在天为道心，在人为仁心。仁者与万物同为一体，最高境界是"无我"，即"人与道凝"。

日本一位心理医生中村恒子在《人间值得》中讲，有时候看似一切归零，实际上也可能是新的起点。等事情过后，仿佛"凤凰涅槃"般重生。你就会觉得以前的苦恼简直不值得一提，或者感到自己怎么一下子变厉害了。在这样的过程中，人生也许就会变得轻松许多。但我这里讲的不只是简单地帮助大家把日常生活中的烦恼慢慢变小、直至顺心如意的问题，也不只是简单地讲如何把人生过得值得、过得欢喜的问题，而是更要讲怎样才能达到中国传统文化所提出的修身做学问的理想境界的问题。

中国传统文化关于修身做学问的论述很多，若能把它们全部梳理清楚，并制订好一个计划，按照计划的步骤，通过勤奋努力完成修身做学问的功业，那应该是通往幸福和快乐的康庄大道。但我总觉得修身做学问，想悟得大本大源，真的需要机缘、道缘和慧缘。顿悟真理，证悟智慧，是一个拥有强大精神能力的人所能领略到的高级快乐和人生幸福的源泉。在《悉达多》这本书中，悉达多对世尊佛陀讲过一段话，《歌者奥义书》中讲道："顿悟真理之人日日前往天国世界。"真理给人力量，智慧令人安详，智慧创造奇迹，智慧可以被发现、被体验，但无法分享。还说道："世尊佛陀，您从未以言辞或法义宣讲您在证觉成道之际所发生的事！世尊佛陀的法义多教人诸善奉行，诸恶莫作。在明晰又可敬的法义中不包含世尊的历程，那个您独自超越众生的秘密。""您通过探索、求道，通过深观、禅修，通过认知、彻悟而非通过法义修成正果！"是的，佛陀的法义或许并非其最宝贵最神秘的东西，佛陀的彻悟纪事才是无法言说、不可传授的珍宝。

回顾自己修身做学问的历程，猛然间发现，竟然与中国传统文化关于修身做学问的论述是非常契合的，简直是天衣无缝，这算是一个奇迹。我不敢相信，一切竟然是那样的机缘巧合，就像上天护佑一般。我把它写出来，分享给读者，因为这是我修身做学问和证悟智慧纪事般的讲述，是对中国传统文化的学思践悟，其核心是证悟了"中正仁义"这一儒家核心思想与天道的一致性，是一个具有实践性、实操性的记录或反映，就像是对儒家传统文化价值理想的复盘。愿本书的出版，能对那些真心追寻人生幸福和快乐的人有所裨益。其实，本书的语言表达并不难，难就难在说出实相，难就难在能不能恰如其分地表达。尽管写作过程艰难，但我还是克服困难完成目标，也许不能完全令人满意，但我将尽我所能做好。

　　本书在正文中穿插了一些诗歌，虽然它们与正文并无直接关联，但却以另一种方式和维度反映了我在修身做学问过程中各种各样的心境，有平静的、立志的、抒情的、坚毅的、奋发的、幸福的、快乐的……读者朋友们在阅读过程中亦可细品，亦可跳过。

　　希望读者朋友们不仅从知识的解释上、从修身做学问的经历上来理解这本书，而且能从切身体会中去感悟它。这样，就不会再怀疑这本书的价值了。

第一讲

从大禹谟说起

随心渡

（一）

儿时，当我听到三皇五帝夏商周的故事时，因少不更事，总觉得都是些神话传说。可对这些神话传说，我又总有一种异常默默的温情，崇拜得五体投地且心向往之。七八年前，我第一次看到《大禹谟》中"人心惟危，道心惟微，惟精惟一，允执厥中"十六个字，当时深感文字优美简练，意蕴沁人心脾，可仔细探究起来，语意看似简明，却大有可琢磨品味的意境之美。我花费了好一番功夫才弄清楚其中的大意：人心是危险难安的，道心是微妙难明的，唯有精心体察、专心守住，才能坚持一条不偏不倚的正确路线。《论语·尧曰》中记载，舜在传天子之位给大禹时曾言，"天之历数在尔躬，允执其中。四海困穷，天禄永终"。《尚书·大禹谟》又记载，舜在传天子之位给禹时说："人心惟危，道心惟微，惟精惟一，允执厥中。"这里的"允执厥中"就是上面的"允执其中"。朱熹曾经讲过，尧当时无文字，道理只靠口耳相传。尧传位给舜时，只说"允执厥中"，舜传位给禹时，加上了那十二个字。这以后又传给商汤、周文王、周武王，再后来又经过周公、孔子一脉相传下来，成为圣人治天下的大法，也是个人修心的要诀。这四句话十六字心传，就是尧舜以来所传的圣人心传。

在这四句话十六字心传中，"人心惟危"四个字容易理解，"惟精惟一，允执厥中"这八个字，也容易理解，唯独"道心惟微"四个字有点神秘无极感。"道心微妙难明"何以见得？舜为什么能够提出"道心惟微"如此唯美唯实的至理名言呢？为什么它能够成为公认的圣人治天下的大法，同时也是个人修心的要诀而被儒家广泛推崇的呢？这真是一个难以破解的谜。从某种程度上说，这是只可意会不可言传的谜。我想，舜一定是体悟发现了天道、天理、"道心惟微"的真谛，证悟了智慧，所以才提出"道心惟微"，加上"人心惟危"这个社会生活中的现实，并用"惟精惟一"与尧口耳相传的

"允执厥中"统一起来，形成了四句话十六字心传圣人心法。

这样说，可能会有人嘲笑于我，认为这是痴人说梦、异想天开；或者说，这是脑洞大开、天方夜谭。其实不然，在《庄子外篇》中的最后一章，就讲了一个舜问道于丞的故事。他向一个叫丞的高人请教："道可得而有乎？"说明舜一直在追求世间的"道"，一直在思考怎样拥有并掌握世间的"大道"。这个问题后面有十分详细的解答。在这里我想讲的是，只要通过坚毅执着的内外兼修，达到"廓然大公""寂然不动"境界的时候，人与天地万物一体，天人合一，事无大小、难易，就像千条江河归大海那样，虽然长江、黄河波涛汹涌，虽然无数的小溪名不见经传，不同、差别是够大的了，但对于大海，它们这些不同、差别几乎是不值得一提的。《孟子·尽心上》中说："孔子登东山而小鲁，登泰山而小天下。故观于海者难为水，游于圣人之门者难为言。"意思是说，孔子登上了东山，觉得鲁国变小了；登上了泰山，觉得天下变小了；看过大海的人，就难以被别的水吸引了；在圣人门下学习的人，就难以被别的言论吸引了。这话说的正是这个道理。达到天人合一的境界，就能做到泰山崩于前而色不变，黄河决于顶而面不惊，因为在你的心中它们都是可以忽略不计的，处理起来极简且易，"允执厥中"而已。所以，王阳明在《传习录》中讲道："圣人治天下，何其简且易哉！"

《尚书·大禹谟》这四句话十六字心传，是对禅位君王的明示，也是对天下人的明示。几千年前，尧、舜、禹、汤、周文王、周武王，他们说的话，天下百姓没有不信任的；他们做的事，天下百姓没有不高兴的。借助博大精深的中国优秀传统文化，修身做学问，体悟发现天道、天理、"道心惟微"的真谛，证悟智慧，"以古人之规矩，开自己之生面"，其意义不言而喻。

非有实证，想教化引领，使天下人回心向道绝非易事。然而，体悟发现天道、天理、"道心惟微"的真谛，证悟智慧，绝非易事！

《次第花开》的作者希阿荣博堪布在第一部《珍宝人生》中讲道："人生

充满烦恼，但如果能以烦恼为契机去勘悟世间万象的本质，从烦恼入手去实现止息烦恼的最终目的，那么这样一个充满烦恼的人生就是我们解脱的最好机缘。"这些也许根本不能表达我想要表达的意蕴，但除此之外，我真的找不出更好的语言来替代上述结论意蕴的语言表达。不过，我认为可以把它作为一个相向而行的指引，还是可以的。中国传统文化提出的，人一生要解决三个问题：人与自然的关系；人与人的关系，即社会关系；人自身内部情感冲突与平衡。可以说，人生冲突和挑战无处不在。常言道："天有不测风云，人有旦夕祸福。"人的祸福像天气一样变化无常，难以预料。人除了要应对所赖以生存的自然环境及其变化所构成的威胁和挑战外，还要应对人与人之间各种各样千奇百怪的冲突。正所谓："人心不如水，凭空起波澜。"

1958 年 12 月，毛泽东写下的《关于帝国主义和一切反动派是不是真老虎的问题》一文中，告诫人们："一点不怕，无忧无虑，真正单纯的乐神，从来没有。每一个人都是忧患与生俱来。学生们怕考试，儿童怕父母有偏爱，三灾八难，五痨七伤，发烧四十一度，以及'天有不测风云，人有旦夕祸福'之类，不可胜数。"中国哲学史上争论最多的问题是性善、性恶。关于性善、性恶，儒家分为两派，荀子认为"人之初，性本恶"；孟子认为，"恻隐之心，人皆有之"。其实，"食色，性也"，性即本能，无善恶之分。无善哪来的恶，无恶哪来的善，天性只能有一个，那便是无善无恶。然而，生存、温饱、发展均是人的本能，但人人如此，则必然有冲突。因此，岁月不居，时节如流。在人短暂的一生中，到处充满着冲突和挑战。锐始者必图其终，成功者先计于始。人生路上注定鲜花与荆棘相伴，机遇与挑战共生。正因为如此，当人生遇到冲突和挑战的时候，"如果能以烦恼为契机去勘悟世间万象的本质"，这个时候探求人间大道的机缘也许就来了。然而，我们往往总是在世俗工巧中生活，在百事缠身中挣扎，在利弊得失中算计，在喜怒哀乐中苦恼，生老病死、悲欢离合，幸福的、悲惨的，成功的、潦倒的，就像一叶小舟漂浮在汪洋大海上一样，随波浪而颠簸起伏，没有自主的能力。殊不知人生的种种经历，无一不在启发我们觉悟，对这样如珍宝一般的人生，它所给予的启示，它所创造的机会，我们常常会因为忙乱而无暇去领会、利用和珍惜，在不知不觉中沉沦在就事论事、安逸舒适、利弊得失、世俗工巧上了。这就像人们生活在地球上，人人都要受到地球引力的作用而产生重力一样，觉得只能是水往低处流，树上的苹果只能落在地面上，却忽视了还有第一、第二、第三、第四宇宙速度，地球上的物体是可以摆脱地球引力的束缚，还有现在已经验证了的量子纠缠，更是引人入胜、令人称奇。

叔本华在《人生的智慧》一书中讲道，"能让我们免于误入歧途的，莫过于培养一个丰富的内在，创新一个丰富的精神世界。精神世界越丰富，留给无聊的空间就会越狭小"。这就是说，当我们在对待当下遇到的纷繁复杂的矛盾问题的时候，特别是身处逆境的时候，的确需要以更加广阔的视野，找准用力的方向冲破羁绊，以更加现实的态度对待各种各样的考验，把逆境看作机遇，想方设法抓住它，在逆境中最大限度地得到自己有益的东西。在很多情况下，这就是我们体悟发现天道、天理、"道心惟微"的真谛，证悟智慧的最好机缘。这好像是佛教讲的"出离心"，其实不完全一样。佛教讲修行的最终目的是为了解脱自己和众生的苦，而这里讲的最终目的是为了更好地提高化解和处理社会矛盾、治理好社会、调适自身内部情感的素质能力；前者是宗教，后者是中国传统文化讲的圣贤之道。在这里特别指出的是，探求新知是幸福和快乐的。叔本华在《人生的智慧》一书中讲，童年时期更多地处于认知外界事物的状态，而非追求享乐的状态。正因为如此，我们才得以在占据整个人生四分之一的开端伊始中，享受到浓郁的幸福感。童年给我们留下的是一段天堂一般好的时光。本书以"幸福与快乐十三讲"为副书名，即源于此。

体悟发现天道、天理、"道心惟微"的真谛，证悟智慧，首先要先从培养自己的机遇意识开始。"周公躬吐捉之劳，故有圄空之隆""齐桓设庭燎之礼，故有匡合之功"是人生机遇，那是因为他们遇到明君而能施展自己的能力和才华，实现自己的政治抱负和人生理想。"伊尹勤于鼎俎""太公困于鼓刀""百里自鬻""甯子饭牛"也是机遇，那是因为在他们没有被明君际遇时，顺势而为，蓄势待发，决不自弃于世。升官得势自然是机遇，失势谪居也是机遇。正像清代林则徐在《赴戍登程口占示家人二首》中所言："谪居正是君恩厚，养拙刚于戍卒宜。"入仕自然是机遇，野隐也是机遇。中国古代著名的隐士许由、巢父、伯夷、叔齐、鬼谷子、颜回、商山四皓、严光、竹林七贤、陶渊明等，都光耀千秋、世传永远。常言道："塞翁失马，焉知非福。"总之，机遇存在于是时、自得。

请看：

恰风赋

惠遥遥以流芳兮，影有动而风翔。

物有藉而施性兮，三才合而为一。

夫何毛公之造思兮，暨志介而不忘。

万变其情而有理兮，无虚伪之可长。

荼荠虽已同亩兮，性与质可保藏。

琼姿不必瑶台兮，兰苣幽亦独芳。

苟先贤之舒怀兮，拥惠兰而同芳。

寯从容与长友兮，意謇謇而恒长。

意晏晏而自适兮，居坦坦而无惕。

气平平而无梁兮，心谿谿而意密。

赞莲花之礚礚兮，赏波声之沥沥。

舒漫漫之无极兮，乐涌湍之相击。

蘱蘅芳而远蒸兮，烂昭昭之离离。

诵屈子之美文兮，省想闻而致极。

宁如电而驰奔兮，不负此心之仁胎。

意有隐而相感兮，心有仪而恰风起。

滋蝶兰以营营兮，志恢台而秘藏。

奋蝶兰而自强兮，忠湛湛而志芳。

驭温度而自适兮，心喻意其辉光。

抚爽心以益志兮，委厥美而自况。

君子之伤与守同兮，荞麦之茂与有为一。

熟能思而不畅兮，照当下公益之所以。

眇远志之所及兮，有曲魁之所依。

惟眇志之所存兮，藉文章以离离。

观炎气其相仍兮，赏彩云之相徉。

假光景以往来兮，存志极而自况。

凌大作而流风兮，吮甘露以楫航。

惟九章之辞丽兮，隐心志以文章。

叹蝶兰之壹志兮，傍蒨旦以子壮。

见兰蒨犹自适兮，知纯命之不当。

惜吾不及古人兮，惟壹志而师长。

藉恰风之孔嘉兮，刻著志以为像。

曰：

吾唱往昔之所冀兮，歌来者之茂行。

假广源之吉宅兮，寝鸟鸣而起征。

乘骐骥而驰骋兮，导以月与列星。

抚凌云而抗行兮，藉溥畅之恰风。

信情质之崴鬼兮，奉芳菲而隆明。

心作忠而言之兮，指苍天以为证。

藉恰风，这里特指统御天时、地利、人和之风，即新的机遇和抓住机遇之意。毛公，指毛泽东，这里取《卜算子·咏梅》意蕴。莲花，指北京市西城区莲花河，广源小区所在地。屈子之美文，指屈原所著《楚辞》，这里亦泛指中国传统文化。公益，指公益广告，即普希金说："读书是最好的学习。追随伟大人物的思想，是最富有趣味的一门科学。"莎士比亚说："书籍是全世界的营养品，生活里没有书籍，就好像大地没有阳光；智慧里没有书籍，就好像鸟儿没有翅膀。"曲魁，指文曲星、文魁星，古时传说主文运。九章，即屈原《九章》，这里亦泛指中国传统文化。寤纤歌而起征，指广源小区周边"草本莽莽，百鸟萃中"，每天天不亮众鸟鸣叫，如同迎接日出一样。这里指每天勤奋早起。

机遇可以分为三大类：顺境、逆境和事变。顺境指顺利的境遇，逆境指不顺利的境遇，事变指顺境变逆境或逆境变顺境的境遇。以上三类境遇包括了人生道路上遇到的所有事务，都是我们修身做学问的机遇。体悟发现天道、天理、"道心惟微"的真谛，证悟智慧，机遇就包括在所有的这些事务之中，这些事务就是我们修身做学问的机缘。也就是说，不管是顺境、逆境，还是事变，作为机缘都是一样的，没有本质上的差别，只是影响程度不同而已。但往往逆境更容易让人体悟到机缘的到来，正所谓："天将降大任于斯人也，必先苦其心志，劳其筋骨，饿其体肤，空乏其身，行拂乱其所为，所以动心忍性，曾益其所不能。"因为逆境更能够磨砺人的品格、意志和胆略。苏格拉底说，"患难和困苦，是磨炼人格的最高学府"。逆境能够激发人的潜能，逆境给人的成长制造了困难，形成了压力，反而更能够促使人充分发挥主观能动性，激发出无尽的潜能；逆境可以促使人们形成健全的思维反应方式，使人们面对逆境时能够做出超乎寻常的正确抉择和行动。

珍惜修身做学问的机缘，要随缘而动、缘缘相因、缘灭而终。也就是说，有了机缘就开始行动，真切地做到知行合一，行动了就不停顿，不管遇到什么样的事情都一直坚持下去，才可能修成正果。生命不息，修身做学问就不止。这是一条不懈追求人格升华之路。

（二）

人生路上都会面临纷繁复杂的事务，遇到各种各样的人情事变，顺境的、逆境的都有。如果我们完全被这些事务、事变所吸引，那你的一生一定是纷繁复杂、茫茫荡荡的一生。只有清楚并立志修身做学问，才可能把我们生活中面临的纷繁复杂的各种各样的事务和人情事变当作机缘，才可能因缘而行，并最终体悟发现天道、天理、"道心惟微"的真谛，证悟智慧。但往往"机缘"很难被人们意识到。有的人一有空闲就在电脑上打扑克牌、打麻将，下班后还要打到很晚才回家。我想他可能根本就没有意识到，人生短暂，这大好时光正是修身做学问，体悟发现天道、天理、"道心惟微"的真谛，证悟智慧难得的机缘。佛教讲"暇满难得"，就是说一个人一生中有满足一切条件去修行的机缘，是极为有限极为难得的，如果不去珍惜、不去抓住、不去利用，实在是可惜、可叹、可悲的。有些人在做某件事之前，千方百计为一个"利"字着想，只考虑能不能获取利益，无利可图便无所事事，他们总是想方设法假公济私、损公肥私、以权谋私，甚至为"私心""私利"而行不仁不义之事，造成社会诚信缺失、风气败坏乃至造成社会民生问题，与天理良心背道而驰、渐行渐远，有的甚至沦为阶下囚，却偏偏不知道去修身做学问。

　　珍惜修身做学问的机缘，要持之以恒。我们知道顺境、逆境和事变，都是人生的常态，不管是哪种境遇，都应当珍惜利用，不管世事多么纷繁复杂，不管事变有多大变化，都要"缘缘相因"，不能"三天打鱼，两天晒网"，或者因为境遇变了，心也变了，就停止了利用"机缘"去修身做学问。人们往往在逆境下容易做到自觉去修身做学问，"井无压力不出油，人无压力不进步"，但当境遇变了，由逆境转为顺境时，人无压力轻飘飘，很难再坚守初心了。《诗经》上说："靡不有初，鲜克有终。"事情都有个开头，但很少有能坚持到最后的。

　　人们之所以不能意识到并珍惜修身做学问的机缘，是因为很多人都自作聪明，自私自利，谄媚、嫉妒、好胜、易怒。他们各人都有自己的私心，狡诈、虚伪、阴险，互相倾轧；他们用仁义包装自己，而实际上却在做自私自利、贪赃枉法的事情；他们善于用诡辩的言辞来迎合世俗的要求，以种种矫揉造作的行为来博取自己的名誉；他们欺上瞒下，把别人的善良抄袭来当作自己的长处，因怨愤而相互争斗；他们用心险恶、互相倾轧，还做出一副疾恶如仇的姿态；他们妒贤嫉能而诬陷诽谤、打击报复、无端排挤他人，还要装扮成大公无私；他们恣情纵欲却要包装成与民同乐，即使是骨肉亲情的一家人，也要互相欺凌，非要分出个高下胜负不可，还要架起藩篱。更何况天下之大，民物众多，怎能让他们舍弃这人间万象，去修身做学问呢？特别是当人们一帆风顺时，总是希望这种状态能一直保持下去，不想发生任何突发事情来打破生活的完整平静。生活中发生任何一件事，都会心头一紧，就要立即判断出它的利弊以采取相应的行动。对自己有利的要让它锦上添花，对自己不利的就赶紧想办法压下去或推出去。整日一副严阵以待的模样，又怎能让他们去舍弃这人间万象，去修身做学问呢？即便想到了"天道""人道""地道"，也是偶然间的良心发现，只是昙花一现，抑或根本就不是出自真心，就像孔子所不齿的"乡愿"一般，怎么可能去体悟发现天道、天理、"道心惟微"的真谛，证悟智慧，去修身做学问的呢？这就难怪千百年来圣贤难觅，天下难安，纷纷扰扰，世风日下，腐败盛行，乱臣贼子祸乱不断了。

<h1 style="text-align:center">（三）</h1>

近年来，在各种机缘巧合之下，我与中国优秀传统文化结缘，研修从未间断、从未懈怠，可以说真正达到了自觉的程度；在处理各种事务时，始终坚持"惟精惟一，允执厥中"这一原则，特别是在对待纷繁复杂的各种关系时始终把"人心惟危，道心惟微，惟精惟一，允执厥中"奉为圭臬，学习研修、事务处理，我都做到"夭寿不二"。有意栽花花不活，无心插柳柳成荫。通过这些年来"夭寿不二"的"事上磨"、心中悟、习中得，竟得上天眷顾，使我对圣贤之道亦能有所体悟和发现，的确是人生一大幸事。

《悉达多》中有一段话："内心之深是另一个宇宙，即阿特曼，与宇宙同大，暗含冥海般均匀无边的湛蓝色的（深空蓝）的阿特曼。永远现实的生活在阿特曼中，只有真理，哪怕是真理对邪恶的审判。幸福、密意和平静。"这里描写的与我的体悟发现竟然完全一致。虽然"道心惟微"，但的确是可以通过修身做学问体悟发现的。王阳明在《传习录》中讲道，大道是自然存在的，圣学也是自然存在的，天下人尽信不算多，只有一个人笃信也不算少。这就是《周易·乾外·文言》说的"所谓'遁世无闷，不见是而无闷'者也"。即便不被世人肯定，自己待着也不郁闷。王阳明所言，也印证了这一点，同时也印证了大禹谟的可体悟性、可发现性。我之所以得出这个结论，的确是一个意外的收获。我倍感珍惜、欣慰。

（四）

潜心做学问，体悟发现天道、天理、"道心惟微"的真谛，证悟智慧，不仅仅是一种体验，更是一种境界，一种意识自在的状态。这种状态，更能够理解、体谅别人，更容易与外界形成和谐的关系。这种状态，就是精于专一的状态，这是儒、释、道三家共同追求的境界。心一，就能虚旷；虚旷，就能接纳事物；精一，就能穷尽事理，与事有条理而不会忙乱，就能够更轻松自由地处理纷繁复杂的事务。这种状态，就像有源之水，生意不穷；就像树木抽芽，这是树木生长的发端处，抽芽说明扎根了，有了根、有了芽，然后才能长出树干，长出树干然后才能生枝生叶，才能生生不息。

每次听闻某个地方某个人跳楼了、自杀了、抑郁了，每次听闻某个地方某个什么人被逮捕了、被拘留了、被判刑了，每次听闻某个地方群众因不满闹事了、发生群体性事件了，一些人动辄痛哭流涕地悔过自新、时不时地总结经验教训，等等，发生在社会上的种种人生悲剧或社会性事件，无一不令人痛心。痛心的是这本书写得太晚了，如果能早一点出版，唤醒那些"迷途"之人，岂不善莫大焉！真的，如果有人真心去帮助和关爱他们，使他们能够回归到理想的生活状态和工作状态，不再忧愁，不再恐惧，始终能够把控好人生的方向，遇到什么波澜都能安然度过，遇到什么事变都能心中安泰，这是怎样的功德！

"与其为数顷无源之塘水，不若为数尺有源之井水。"（《传习录》）对王阳明的这一观点，可能有不同的认识。比如，好大喜功者、愿意做面子工程者、现实生活需要者，就可能提出不同的想法，这里不做仔细辨析，但对人生而言，王阳明提出的观点无疑是正确的，是值得学思践悟的。因为这是绵绵莽莽、生生不息的人生大道。

"为数尺有源之井水"，真的是要付出艰辛的努力，有的人可能还要做出艰难的抉择：从现实的各种私心私利的羁绊中抽身，从现实的种种利得的诱惑中出离。每一个人都希望得到幸福快乐，这一点毋庸置疑，追求幸福快乐美好的生活是每个人的权利，但我们必须走出其中的误区。有什么误区，如何走出误区，后面将有详细的论述，在此不再赘述。这里只是想说，不要碌碌无为地度过此生，亵渎了生活的真谛，将岁月年华毫无价值地浪费在需求渺茫的享乐和争强好胜上，为满足自己膨胀的野心、虚荣心和各种龌龊的欲望而放弃修身做学问，让体悟发现天道、天理、"道心惟微"的真谛，证悟智慧的机缘一个个溜走，"暇满难得"的时光白白浪费了。希望人们通过切实可行的修身做学问，去自觉体悟发现天理良心的真实不虚，能够回心向道、幸福快乐，事业能够游刃有余、成功顺遂，社会能够淳庞朴素、和谐美好。

人们总是这样，不知道可贵，就不会有追求。有多少腐败分子，被抓起来，判了无期徒刑甚至死刑，到执行的时候，才幡然醒悟，可是已经来不及了。如果早一点知道珍惜修身做学问，心能够通于道，明辨是非，何以落得如此下场？从这个意义上讲，正确的引导就是回心向道的天使，是引领人走向幸福快乐的天使。

<h1 style="text-align:center">（五）</h1>

修身做学问，珍惜体悟发现天道、天理、"道心惟微"的真谛，证悟智慧的每一个机缘，特别是当你身处逆境或处在重大变故的时候，这一定是你修身做学问的最好机缘。如果你真心向道，对古往今来的圣贤智慧存有温情，并且善用这些机缘，你就可以体悟发现天道、天理、"道心惟微"的真谛，证悟智慧。

"见道固难，而体道尤难。"如果用心观察一下周遭，我们就会发现，有多少人昏昏然饱食终日，根本不知道还有人生大道需要修行。虽然他们可能对古往今来的圣贤智慧了解一些，但总觉得那是圣人的事，自己是常人，与己无干。即使对古往今来的圣贤智慧常常挂在嘴上，但却从来不愿意去用心体悟，因而也是花拳绣腿，装装门面而已。《悉达多》中讲，"知识可以分享，智慧无法分享，它可以被发现、被体验。智慧令人安详，智慧创造奇迹，但人们无法言说和传授智慧"。可见修身做学问，体悟发现天道、天理、"道心惟微"的真谛，证悟智慧的意义和价值。

几年前，我开始喜爱上中国优秀传统文化，并与大禹谟结缘。这个机缘和后来的研修，竟然无意间使我有所体悟和发现。我不禁再次感念自己的幸运。因为在这个世态浮华、物欲横流、人心浮躁，道德观、价值观、人生观混乱的时代里，外界的诸多诱惑，诸多似是而非的理由，使人感到要自始至终做一个善良正直的人很难，进而会引起我们思考一个深层次的问题，即人内心深处是否真的存在着各种潜在的欲望和贪婪的劣根恶习，从而引起坚持心中的良善是否有意义的疑问。有时候善良的举动会招来质疑，甚至毁谤和灾祸。如果我们能够从中国优秀传统文化中找到可借鉴的营养，能够从中得到启示，就可以帮助我们净化心灵，也可以让我们不会在纷繁复杂的社会生活中迷失方向。

我对中国优秀传统文化的学习研究充满着执着和热情，在异常繁忙的工作之余，把能用的时间全部花在了学习研修上，那种渴望和珍惜之情像一首歌：

渴　望

悠悠岁月

欲说当年好困惑

亦真亦幻难取舍

悲欢离合都曾经有过

这样执着

究竟为什么

漫漫人生路

上下求索

心中渴望真诚的生活

谁能告诉我

是对还是错

问询南来北往的客

恩怨忘却

留下真情重头说

相伴人间万家灯火

故事不多

宛如平常一段歌

过去未来共斟酌

……

正是这种渴望和珍惜，使我一直不断地精进修习，多年来，热度没有减低分毫。工作异常繁忙的时候，我也从来没有间断。我心里经常会出现像儿童要看动画片、要出去玩耍一样的执着，提示着自己完成既定的任务。就这样，中国优秀传统文化成为我人生的道友。

这些年来，是中国优秀传统文化不断滋养着我。这期间，在与一些同事、一些年轻人交流的时候，他们说出的一些颇具哲理性或中国优秀传统文化意蕴的话，都令我兴奋不已。可当我听到一些人在闲暇的时候，总是打游戏、打扑克牌、打麻将，真心为他们浪费时光而感到惋惜。

1983年，我在南京上大学的时候，班上有一位年龄最小的同学，暑假过后刚一返校就检查出得了肝癌，而且是晚期。住院期间，由母亲照顾他的日常起居，还编出谎言告诉他，自己是出差路过来医院陪他，因为他当时年龄太小了，只有17岁！大家都不敢把真实情况告诉他，怕他心里承受不了如此大的压力。因为他对人生充满着憧憬，他还有好多要做的事情呢！我们多次去看望他，每次都瞒着他的病情，最后他全靠打点滴维持生命。还好，他始终保持着乐观的心态。一次我去看望他，他还问我说："上次×××同学住院是不是也每天打点滴？"我说："是的。"第二天，他就去世了。生命就是这样，说走就走了。

1984年暑假过后，我从河南邓州老家返校的时候，眼前经常浮现一个12岁的小妹妹站在村口马路上依依不舍向我挥手的情景，没承想半年后，我却听到她因意外突然离世的噩耗。家里人怕我知道后伤心，影响在大学里的学习，所以当我得知这个消息的时候，事情已经过去很久了。人们往往意识不到生命的短暂，意识不到宝贵的生命需要珍惜。难道只有等到死亡临近，一切都来不及了，才发现生命的宝贵吗？

最后，我用希阿荣博堪布在《次第花开》中的一段话来结束本讲的内容："人生充满起伏变化，很多时候自己的想法、计划都无法实现，但不管在什么情况下，都要提醒自己：暇满难得，今已得，人寿无常，死期不定，务必要精进修行，才不辜负这珍宝人生。"

请看：

时　光

时光没了，时光真没了，恍若日落。时光没了，何见得？花甲回首若若。匆匆岁月，不可复追，昨日过去了。时光不在，时光真的没了。

急景流年是竞，时光有了，时光真有了。一寸一分皆留下，不日如季所获。珍惜当下，其值无价，今日抓住了。时光如驻，时光真的有了。

第二讲

修身问学之路

一念清净 天地皆宽

如果说磨难（大的事变）是修身做学问最佳的机缘，那么逆境就是最佳的道缘；如果说暇满人身是修身做学问最大的福缘，那么暇满难得就是最大的圣缘；如果说传统文化是修身做学问最好的道友，那么前人智慧就是最好的圣友。

叔本华在《人生的智慧》一书中讲道，"一般来说，我们只能从理论上，通过预计事情的结果来预测事情未来的发展方向，而不能在实践中提前得到那些只有熬够了时间才能得到的东西。谁要是违背了这个规律，强行这样做，他就会发现，这个世界上没有任何一个放贷者比时间更加苛刻了"，"透支时间的后果：所有没有耐心去等待的人都可能成为透支时间的受害者。总之试图加快步伐、压缩时间是要付出高昂的代价的。因此，我们应该千万小心一点，不要欠时间的债"。真心修身做学问，无论你是在静处体悟，还是在事上磨炼，必须达到内外两忘、我与万物为一体的精神境界，其显著的标志是心中能感知"渣滓浑化"，没有丝毫污染；另一个显著的标志是欲言言之已尽，欲言已无所言。这就标志着修身做学问已经达到体道的境界水平了，离见道不远了，这便是"修身以俟"。接下来体悟发现天道、天理、"道心惟微"的真谛（得"道"）就会不期而遇。这便是"先体而后见"。这里的"先体"，就是修身做学问的功夫到了，已经达到《周易》所讲："与天地合其德，与日月合其明，与四时合其序，与鬼神合其吉凶。先天而天弗违，后天而奉天时，天且弗违，而况于人乎！况于鬼乎！"就是自己的行为已经与自然大道相合，与太阳、月亮运行规律相合，与春夏秋冬季节变化相合，与祖先的机巧智慧相合。先于天而天不违背人意，后于天而人则遵奉天时。兴人事得天之合，人知晓天理而奉行之。一句话，就是真正达到天人合一，也就是"无我"的境界，这个时候，体悟发现天道、天理、"道心惟微"的真谛，证悟智慧，就会不期而至。但这只能是不期而遇，并不是你想什么时候发现就能什么时候发现、想怎么发现就能怎么发现。只要你有此念想，就永远不会被发现。因为你有所想，就说明你在心体中还存在着私欲，还没有达到天人合一的"无我""至诚"的境界。至诚就是寂然不动，神明就是感而遂通。只有至诚才能体悟发现天道、天理、"道心惟微"的真谛，证悟智慧。

（一）

体悟发现天道、天理、"道心惟微"的真谛，证悟智慧，方法有一个，那就是：夭寿不二修身—不怨天不尤人。这里提出"夭寿不二修身"，是借用王阳明在《传习录》中讲的修身做学问的方法。他讲，做学问有三种情况：一是尽心知性知天，即生而知之，是生知安行者的事情。这只有圣人才能做到。二是存心养性事天，即学而知之，是学知利行者的事情。这只有贤人才能做到。三是夭寿不二，修身以俟，是困知勉行者的事情。他说，对圣人来说，已经是尽心、知性、知天的人，他的行为已经与天道一致了，所以就不需要再去说"存心、养性""夭寿不二、修身以俟"了，因为这些功夫已经在尽心、知性、知天之中了；对于贤人，已经是能够存心、事天的人，虽然没有达到尽心、知天的程度，但他也已经在那里用尽心、知天的功夫了，也就不需要再去说"夭寿不二、修身以俟"了。其实说的原本都是一回事，只是其间功夫的难易程度相差甚远。第三种情况，就是没有什么基础，慧根又不很深，需要下狠功夫的那种。

王阳明讲的"夭寿不二、修身以俟"源于孟子。《孟子》中讲道："夭寿不二，修身以俟之，所以立命。"不管寿命长短，只要全心全意修养身心，以此来等待天命，这便是安身立命的最好方法。我们只要修养自身，时时存养天性来等待老天的安排，就是一个人安身立命的根本了。《论语》中孔子说："不怨天，不尤人。下学而上达，知我者其天乎！"他说，我不埋怨天，也不责备人，下学礼乐而上达天命，了解我的只有天吧！这也就是说，修己不是消极地顺应他人和环境，消极地遵守外在的、固定的行为准则，而是积极地充实、完善自我，不要以任何外部事物来妨碍对内在的完美的自我的追求。这就是"夭寿不二修身—不怨天不尤人"的出处。

朱熹讲道，"夭寿不二，修身以俟"为圣人之事；王阳明讲道，"夭寿不二，修身以俟"为学者之事。不管是圣人之事，还是学者之事，说的都是修身做学问的功夫，这一点毋庸置疑。"夭寿不二修身—不怨天不尤人"，意思十分明了，但要做到真的很难。王阳明讲，他龙场三年苦修，"百死千难"。我想，王阳明先生讲的"百死千难"，是指他在龙场三年苦修时的功夫，是指顿悟真理、证悟智慧的艰难不易，绝不是他修身做学问时的心境。因为圣人修身做学问的过程"惟精惟一"，需要机缘、功夫和"闲暇"，亦即需要"暇满人身"，对于修身做学问的人来说，这期间的心境是宁静、平和与喜悦的。德国哲学家叔本华在《人生的智慧》中讲道："具有强大精神力量的人却能够全身心地投入到培养自我认知能力的行动中去，不受任何欲望的刺激和摆布。这种全身心的投入将他们引入了一个没有痛苦、一个众神愉快生活之地。"当然，在平常人看来，不一定能够理解这些道理。

在日常生活中，我们都需要去处理纷繁复杂的事务，在此过程中还会遇到各种各样的困难问题，还要处理各种各样复杂的矛盾关系，更要受到社会上名、权、财、色、食等各种各样欲望的侵蚀。于是乎，人们越是忙乱就好像越有价值似的，特别是在职场上，大家见面了总是会问："最近工作忙不忙？"对方回答一定是："忙！忙得不行！基本上是 5+2、白加黑！"大家骨子里认为，"忙"是人生价值，"忙"是一种光荣。如果有人回答说："不忙，不忙，有啥可忙的。"那答话人好像有些不情愿与你交流似的，有的时候问话的人为了弥补这个漏缺，往往还要给他补个台："您太谦虚了，我知道你一定是很忙的。"仿佛不忙是一种耻辱。其实这些话都是虚情假意、虚实参半、不置可否的。人，一半是天使，一半是魔鬼。人是魔鬼的那一半，构成了社会的阴暗面。人在各种欲望的交织下，想触动他的利益比触动他的灵魂都难。做到不怨天不尤人、"夭寿不二，修身以俟"，对很多人来说，真的像是痴人说梦了。当两个人发生矛盾时，旁观者说起来都知道"退一步海阔天空"，可当事人往往做不到。"登东山而小鲁，登泰山而小天下"，可人们往往在现实生活中不愿意去爬山受累，而是更愿意安于现状。

说到底，是人们的精力被眼前纷繁复杂的事务所牵制，人们的心中摆脱不了声色、利益、嗜好的驱使，从而被推着到处乱跑。如果我们不想被推着到处乱跑，就需要转过身来正视它们，看它们从何处来，到何处去。当你心存愤懑、大发雷霆、愁苦不堪、惊慌失措、满腹委屈时，坚守"惟精惟一，允执厥中"法则，坚守正义之心、公平之心、是非之心，这是非常重要的。斤斤计较于得失是无益的。只有自觉跳出事外，用善恶的评判标准才能把事情看得更清楚。

（二）

《悉达多》一书中讲道，的确，神圣之书中许多精彩的篇章，特别是《娑摩吠陀》奥义书（古代印度哲学典籍。这一名称的原意是"坐在某人旁边"，蕴含"密传"之意——作者注）中的诗句，曾论及这种最深处的终极之物。它写道："彼之灵魂即整个宇宙。"它还写道，"人在酣眠时便进入内心深处，住在阿特曼（自我、神我）中，空且无处不在"，"内心之深是另一个宇宙，即阿特曼，与宇宙同大，暗含冥海般均匀无边的湛蓝色的（深空蓝）的阿特曼。永远现实地生活在阿特曼中，只有真理，哪怕是真理对邪恶的审判。幸福、密意和平静"。

南宋哲学家陆九渊曾讲道："吾心即宇宙，宇宙即吾心。"意思是说，自己的意识就是世界的本源，世界随我的意识存在而存在。王阳明也说过类似的话："始知圣人之道，吾性自足，向之求理于事物者，误也。"意思是说，我的心性中存在一切成为圣人的潜能，如果到外在的事物中去寻求成圣的条件和理则，那就彻底错了。孟子认为，万物的特点都具备于我的心中，反省我心而达到与万物相通的"诚"的境界，是人生莫大的乐趣。

柏拉图在《理想国》中讲道"洞穴隐喻"：封闭在洞穴中的人只能看到岩壁上人与物的投影（代表低维度的生存状态）；在洞穴外面的阳光（代表理性之光）引导下，人可以挣脱束缚，来到洞穴之外（代表获得自由）。柏拉图主义大概有三个要点：第一，世界万物的真实都可以归结为纯粹的数学存在；第二，人关于这个世界的知识，其实深埋在心底，需要通过心智体验和数学直觉来"唤醒"；第三，大千世界无非是那个纯粹的理念世界的摹本。

当我们认真阅读并体悟到这些古代圣贤的智慧，你就会发现，你的眼、耳、鼻、舌、身所能感知的现实世界是十分渺小的，只是柏拉图所说的"洞穴"中人而已；当你把心胸打开（后文中有详细的论述），你就会发现你所遇到的所有的纷繁复杂的事务都会变得容易处理了，因为你游刃有余了；当你游刃有余的时候，你就能够做到"不怨天不尤人"了；当你"不怨天不尤人"了，你就会发现你所遇到的所有烦恼都无影无踪了，你就可以"惟精惟一"修身做学问了，这便是"夭寿不二，修身以俟"所要表达的意思。

（三）

当你把心胸打开，你会发现周遭的一切也随之变好起来。然而，正是这周遭的一切，成为无数人修身做学问的桎梏。

只要把心胸打开，用转移注意力的办法来缓解各种烦恼就容易多了。有一次，我用花椒酒（高度白酒泡花椒、辣椒的自制药酒）涂抹在小腿上，用塑料薄膜把小腿包裹严实，治疗小腿困疼（对治疗老寒腿疗效很好）。涂抹包裹好后几分钟，酒力开始发作，疼痛难耐，我就试着把注意力转移到听音乐上。当注意力转移的时候，疼痛感会缓解，甚至消失。电影《茜茜公主》中有这样一段经典对白："当你的人生感到烦恼和忧愁的时候，就到森林来，敞开胸怀，遥望树林，你能从每棵树、每一朵花，每棵草、每个生灵里看到上帝无所不在，你就会得到安慰和力量。"这使我想到，有的伟人在聆听提前选定好的音乐声中完成医疗手术，意密无穷。

只要把心胸打开，你就可以不被纷繁复杂的事务推着乱跑了。《论语》中讲，子曰："《诗》三百，一言以蔽之，曰'思无邪'。"只要心思像《诗》三百那样，情思深深而没有邪念，尽可大美大善于天下。孔子讲，如果人不能改变世界，就改变自己的内心。正所谓："朝闻道，夕死可矣。""求仁得仁，有何怨？"庄子讲，知其无可奈何而安之若命，德之至也。《命运论》中讲道："天动星回，而长极犹居其所；玑旋轮转，而衡轴犹执其中。既明且哲，以保其身。"知道世事艰难无常，无可奈何却又能安于处境、顺应自然，始终保持内心的强大，做到不受烂事所扰、所困、所累、所动，这是道德修养的最高境界，是人生至理名言。如果能心如磐石，始终如一，就可以历经勃郁烦冤之风的洗礼，方赢得绚焕灿烂之境的光辉。

只要把心胸打开，你就可以更全面更深刻地体察事物的本质。当你被愤怒、嫉妒、恐惧、烦躁等情绪困扰时，往往这是你顿悟真理、证悟智慧的最佳机缘。有的时候，没有经历就没有体会，没有体会就没有坚持。电视剧《思美人》中有这样一个情节：莫愁沦为阶下囚，彷徨无助的她在幻境中看到了自己的母亲——楚国前代大楚巫。莫愁询问母亲自己应该怎么办？母亲对她说道："无情不若有情苦，莫到深闺画里愁。"不要轻言你懂画中深闺中人的愁，只有久被困在深闺之中的人才知道那是什么滋味。孔子周游列国时，曾访问卫国，卫灵公夫人南子与孔子隔帐见面后，孔子说，南子竟是如此好德又好色的人。南子说，世人也许很容易了解夫子的痛苦，但未必能了解夫子在痛苦中所领悟到的境界；夫子道高，故当然难用，只能说明那些不用他的人愚钝。孔子与南子二人可谓是心有灵犀。后来，孔子发现，卫灵公不是爱好德行如爱好美色一样，于是离开了卫国。《菜根谭》中讲，草木才零落，便露萌颖于根底。正是这样，人情事变、情感困扰自有灵犀。

只要你把心胸打开，你就可以更好地与自己平和相处了。人往高处走，水往低处流，这是常理。问题是很多人对自己的现状总是不满，明明已经升职、加薪了还想再升、再加，好了还想更好，经常处于焦躁、烦闷、愤怒、恐惧、嫉妒之中，自己跟自己过不去；溺爱放纵，信马由缰，随波逐流，任时光匆匆流走。总之，就是不能以一种理性平和的方式对待自己，很多人之所以会得心理疾病或者癌症就与此有关。佛教中称我们生活的这个世界是"婆娑世界"，即"能忍受缺憾的世界"。现实中，人们总被各种欲望所迷惑。事实上，为贫穷所困、为富贵所累的例子比比皆是。身边有的是为了追求安逸舒适的生活而苦恼或忙得忘记去生活的人。很多年前，我参观江苏省华西村时，这个村的致富带头人吴仁宝老先生讲道："票子再多，一天就是三顿饭；房子再大，晚上就是一张床。"如果把心胸打开了，就能对自己的生活有一个不一样的认知，这个时候往往为你体悟出天道、天理、"道心惟微"的真谛，证悟智慧带来机缘。

只要你把心胸打开，在纷繁复杂的现实生活中，你将能够洞察并确立那值得倾尽一生去追寻的崇高目标。这便是"夭寿不二""不怨天不尤人"，去体悟发现天道、天理、"道心惟微"的真谛，证悟智慧，也使自己达到"拥有内心永恒的幸福和平静"的境界——含涵醇厚，持守朴素；没有贪欲，没有忧愁；保全真率，漠视外物；坦坦荡荡，至真至朴；动静知道节制，无往而不利。如果人人都能达到这样的境界，那这个社会就真的回心向道、淳庞朴素，世界大同就真的实现了。

（四）

围绕大禹谟"人心惟危、道心惟微、惟精惟一、允执厥中"十六字心传修身做学问，体悟发现天道、天理、"道心惟微"的真谛，证悟智慧，必须做到不怨天不尤人、夭寿不二，惟精惟一、允执厥中。据记载，舜的父母、兄弟两次想杀掉舜，"舜也不放在心上，一如既往，孝顺父母，友于兄弟；

而且，比以前更加诚恳谨慎"。舜就是这样，不怨天不尤人、夭寿不二，惟精惟一、允执厥中，经过长时间的磨炼，证悟了自然大道、天之实理，提出大禹谟十六字心传。舜的确是至诚至仁的圣人。

要做到不怨天不尤人、夭寿不二，惟精惟一、允执厥中，修身做学问者必须有"仁"，也就是说要心地善良。就像舜那样，不管怎样他也不改变自己对父母兄弟的孝和敬。然而，我们稍作注意就会发现，现实社会中并没有多少人希望自己善良，因为善良的人往往容易受到伤害，倒是有很多人希望自己聪明、能干、有权、有势、富贵、洒脱，声色、利益、嗜好缠身。没有人愿意受苦、受伤害，这是事实。但那些声色、利益、嗜好过剩的人，他们往往是"铁石心肠"的人，他们缺乏"仁"的品性，好色、好货、好名，名气、财富和女人成为他们一生的执念。

要做到不怨天不尤人、夭寿不二，惟精惟一、允执厥中，修身做学问者必须讲"义"，也就是说要让行为符合义。就像孟子的"集义功夫"，只要行为合于正义，就不气馁，心中没有亏欠，自然心就不动，而且能生机勃勃。在现实社会中，不义之徒，比比皆是，人人皆知，不必多说。这里想多说一点的是，有一种人就是"乡愿"。通俗来说，就是那种言行不怎么得罪世人，谁看着好像都不错，但实际上并无益于道义的老好人。"乡愿"，就是不讲"义"的人，它是带有贬义的一个词汇。一般指那些"好好先生"，看似"老好人"，实则是"老坏蛋"。把"仁义"与"乡愿"放在一起讨论，抑或我的首创，为的是更好地传承弘扬中国优秀传统文化。

"生斯世也，为斯世也，善斯可矣。阉然媚于世也者，是乡原也。"(《孟子·尽心下》)生在这世上，就依照这世上的流俗来做人，只要大家说我好就行了。这样遮遮掩掩地来讨好世人，就是乡愿之行。孟子讲道："非之无举也，刺之无刺也；同乎流俗，合乎污世；居之似忠信，行之似廉洁；众皆悦之，自以为是，而不可与入尧舜之道，故曰德之贼也。"就是说，对于这种人，要批评他，却举不出具体事例来；要指责他，却又觉得没什么能指责的；和颓靡的习俗、污浊的社会同流合污，平时似乎忠厚老实，行为似乎也很廉洁，大家都喜欢他，他也自认为不错，但是却不能同他一起学习尧舜之道，他是"戕害道德的人"。李大钊在《政论家和政治家》中讲，中国一部历史，是乡愿与大盗结合的记录。清代王宜山在《围炉夜话》中讲，孔子何以恶乡愿，只为他似忠似廉，无非假面孔；孔子何以弃鄙夫，只因他患得患失，尽是俗人心肠。

欺世盗名者与"乡愿"是一丘之貉。唐代罗隐在《谗书》卷二中讲道，物品之所以有隐藏不露的，是为了防备盗贼。人也是一样，盗贼也是人，同样要戴帽穿靴，同样要穿着衣服。他们与常人有所不同的是，安分忍让的心与正直不贪的品格，这种美好的本性不能长久保持不变。看见财宝就要窃取，说我这是出于寒冷饥饿；看见国家就要窃取，说我这是拯救百姓的困苦。出于寒冷饥饿原因的人，不用去多说。拯救百姓困苦的人，应该"以百姓的心为心"。但是汉高祖刘邦却说，我的住室应该像秦始皇的宫殿那样。楚霸王项羽也说，秦始皇可以取而代之。想来他们并不是没有安分忍让的心与正直不贪的品格，可能是因为看到了秦始皇的奢华尊贵，然后产生了取而居之与取而代之的想法。像他们这样的英雄尚且如此，更何况普通人呢？因此说，高大的宫室与放纵的游乐，却不被人们所羡慕觊觎，那是太少了。《伦理学原理》中讲，暴君之所以为暴君，蔑视风俗习惯而破坏之，徒以恣肆其情欲，将以专有乐利而擅握政权也。苟一社会焉，为奸佞者所把持，则其间正人君子，必不为所敬爱，而转受轻蔑凌暴之待遇。这就是典型的不仁不义、欺世盗名者。

司马光在《资治通鉴》首篇中讲，周天子承认韩、赵、魏三国为诸侯，非三晋之坏礼，乃天子之自坏之也。下面做得不合法，上面还要承认，周天子没有原则，没有是非，当然非乱不可，这叫上梁不正下梁歪。任何国家都是一样，你上面敢胡来，下面凭什么老老实实，这叫事有必至，理有固然。这也是上不"仁"、下不"义"的典型。三国时魏国人李康在《命运论》中讲，天地的大德是生长万物，圣人的大宝是地位。用什么来守住地位，就是仁，用什么来端正人心，就是义。所以古代做王的人，因为他"仁"，只用他来治理天下，不是用天下来奉养他一个人；古代做官的人，因为他"义"，他要利用官位施行他的义，不是因为利禄而贪求他的官位。

在现实生活中，"乡愿"和欺世盗名者阉然媚于世也者，有以下八种：重私情而不讲是非曲直；苶弱难持而歪曲事实；表面和合而内心郁结；东家长西家短而表里不一；毫无仁义而道貌岸然；心中有鬼而言不由衷；拆台毁庙而言之凿凿；逢迎献媚而指鹿为马。凡此种种，其基本表现有以下六个方面：长吁短叹、怨天尤人；无威无信、得过且过；黑白不分、害人害己；称兄道弟、勾肩搭背；背绳墨、灭规矩、圆凿方枘；事绵绵而多私兮、众蹀躞而日进。这类人在工作、生活中有三种具体的突出表现：没有是非观、大局观，始终把一己之私视若至上，把私欲、私情、私心、私事与工作混为一谈，寻找各种理由、各种借口，破坏规矩法度，做"方枘圆凿"之事，包括为关系人寻私情，为违法违纪者开绿灯；虚伪、无诚信，得计时趾高气扬，遇事时心神不宁，因为他们立得不端、行得不正且心知肚明，只是外表装腔作势罢了；处心积虑陷害人，对德才兼备之人不待见，甚至会造谣诬陷诽谤、轻蔑甚至凌暴。比如，那些公道正派、德才兼备之人，特别是那些能力强、心无旁骛、一心扑在工作上的人，根本没有时间也从来不会去琢磨一些烂人烂事的人，却莫名其妙遭到非议，类似"只要他不干坏事就行"这样的话，就是对他们最直接的凌暴。仿佛你经常干坏事、经常拆别人台似的，但凌暴者确实也没有说，你干了坏事或拆别人的台。问题就出在这里，本质也在这里，这些看似没有毛病的话，却暴露了他们内心的龌龊和丑恶的嘴脸。在处理人与人之间的关系问题上，不坚持实事求是、就事论事，而一言以蔽之以"只要他不怎么着就行"这句看似没有毛病，实则恶意攻击甚至诽谤别人的话，其实有些轻蔑凌暴人，这是判断讲这种话的人道德品质的重要依据。也就是说，一个人常拿这种话来说事、议论，基本上可以断定他是一个心术不正的"伪君子"了。总而言之,"乡愿"和"欺世盗名者",看似"好好先生""老好人""君子",实则是缺乏诚信、不仁不义、非忠非廉、无益于道义、戕害道德的人,无非假面孔。

清代小说家刘鹗在《老残游记》中讲,清官害人比贪官害人还厉害。小说中出现的"清官",他"自以为我不要钱,何所不可,刚愎自用,小则杀人,大则误国"。《老残游记》中所谓的"清官",与"乡愿"和欺世盗名者的"把式"真具异曲同工之妙!刘鹗评论说,赃官可恨,人人知之;清官尤可恨,人多不知。刘鹗苦心愿天下清官不要以为不要钱便可任性妄为。同样,"乡愿"和欺世盗名者也应警醒。俗话说:"良知没处,万法难度。"多行不义必自毙。只有行仁义之道,崇尚仁、义、礼、智、信,"惟精惟一、允执厥中",始终抱着无私去工作、去做事、去为人,全身心投入到当前自己该做的事情中去,愚直地、认真地、专业地、诚实地投身于自己的事业,聚精会神,精益求精,才能体悟发现天道、天理、"道心惟微"的真谛,证悟智慧。

修身做学问,听起来的确有些枯燥乏味,甚至摸不着头脑,使人无从下手。特别是体悟发现天道、天理、"道心惟微"的真谛,证悟智慧,听起来更是遥不可及,像是天方夜谭,使人望而却步。然而,实践证明,只要始终坚持"不怨天不尤人""夭寿不二修身",是可以"修成正果",体悟发现天道、天理、"道心惟微"的真谛,证悟智慧。

请看:

梅 花

谁曾说、喜爱寒多,匆匆春夏离去。喜寒最会周遭妒,何况叶飞无数。暖风驻,君不见、高天雁阵衡阳路。恁风呼呼。算名园棘丛,寒鸦数声,白絮藏幽径。

瑶台事，原本诗家俗语。花神总有人护。数遍读罢季迪诗，脉脉此情难诉。君莫笑，君不知、诗心满满无从著。词穷心苦。但寻雪满地，月明林下，依萧萧竹处。

第三讲

在事变中精进

守中精進

体悟发现天道、天理、"道心惟微"的真谛，证悟智慧，前提是对大禹谟所讲的"人心惟危，道心惟微，惟精惟一，允执厥中"这一圣人之言认同，不仅发自内心认同，而且要充满温情，成为你的座右铭。年年、月月、日日，时时刻刻都不要忘记它，并且在你处理所有纷繁复杂事务的时候，都坚持这个原则，不要有任何违背这一原则的想法、做法或是变通，这是体悟发现天道、天理、"道心惟微"的真谛，证悟智慧的前提。

朱熹在《朱子语类》卷十九中谈道："人之为学也是难，若不从文字上做功夫，又茫然不知下手处。若是字字而求，句句而论，不于身心上著切体认，则又无所益。"因此，在纸上求义理的同时，也须从自家身上体察推究。他认为，自身的直接经验是理解书本知识、证悟义理的前提和基础。如果读书不切己体察，只从纸面上看，从文义上说得过去便了了，那也就是只能记住一些条理空文而已。

让我们来看看舜帝。孟子说："尧舜之道，孝悌而已。"尧和舜在孝敬父母、尊重兄长方面做得非常好，甚至达到极致，发挥得最为真切笃实。我想，舜帝一定是从内心深处认识到了"孝悌"的意义，他认识到，作为儿女对父母孝敬、对兄长尊敬是天经地义的事。正如魏晋玄学家王弼在《老子道德经注》中对"孝"所做的诠释，自然亲爱为孝，孝体现的是父母子女之间的自然亲情，是子女应当遵守的自然道德规范。

相传舜生于姚墟，从小就受到父亲瞽叟、后母和后母所生之子象的迫害，但他从未对孝悌这一信念发生过动摇，始终对他的父母坚守孝道，始终对他的兄弟象保持友爱，所以在青年时代即被人称颂。相传舜在20岁的时候，名气就很大了，他是以孝行而闻名的。

相传舜历尽艰辛，耕稼于历山（一说今鄄城历山，一说今济南千佛山），渔猎于雷泽（今山东菏泽），在黄河之滨烧制陶器，在寿丘（今山东曲阜）制作日用杂品，在顿丘（今河南浚县）、负夏（今山东兖州）一带经商做生意，因品德高尚，在民间威望很高。

　　大约在他30岁的时候，当时部落联盟领袖帝尧年事已高，欲选继承人，尧向四岳（四方诸侯之长）征询继任人选，大家一致推举舜。

　　尧将两个女儿嫁给舜，以考察他的品行和能力。舜不但使二女与全家和睦相处，而且在各方面都表现出卓越的才干和高尚的人格力量。舜耕作于历山的时候，历山之人皆让畔，舜打鱼于雷泽的时候，雷泽上人皆让居，只要是他劳作的地方，便兴起礼让的风尚；舜制作陶器于河滨的时候，也能带动周围的人认真做事，精益求精，杜绝粗制滥造的现象。他到了哪里，人们都愿意追随，一年下来，就能聚集形成一个村落；两年下来，就能聚集形成一个小城镇；三年下来，就能聚集形成一个大城镇。尧得知这些情况非常高兴，赐予舜细葛布衣和琴，赐予牛羊，还为他修筑了仓房。

　　舜得到了这些赏赐，瞽叟和象很是眼热，他们就想杀掉舜，霸占这些财物。瞽叟让舜修补仓房的屋顶，却在下面纵火焚烧仓房。舜靠两只斗笠作翼，从房上跳下，幸免于难。后来瞽叟又让舜掘井，井挖得很深了，瞽叟和象却在上面填土，要把井堵上，将舜活埋在里面。幸亏舜事先有所警觉，在井筒旁边挖了一条通道，从通道穿出，躲了一段时间。瞽叟和象以为阴谋得逞，象说这主意是他想出来的，分东西时要琴，还要尧的两个女儿给他做妻子，把牛羊和仓房分给父母。象住进了舜的房子，弹奏舜的琴，舜去见他，象大吃一惊，老大不高兴，嘴里却说："我正思念你而闷闷不乐呢。"舜也不放在心上，一如既往，孝顺父母，友于兄弟，而且比以前更加诚恳谨慎。

　　舜的所作所为，就是我想讲的"切己体察当下——在事变中精进"。首先，他认准了孝悌是自然之至理，并且做到了孝悌；其次，他没有因为父母兄弟对自己不好，甚至为了得到他的财物和霸占他的妻子，施计要烧死他，施计要在井里活埋他，而改变自己对孝悌的认知和做法，且孝顺父母、友于兄弟比以前更加诚恳谨慎了，这便是"夭寿不二修身"。

　　大禹是我国上古时代与尧、舜齐名的贤圣帝王，他最卓著的功绩，就是历来被传颂的治理滔天洪水，又划定中国国土为九州，并铸造象征最高权力的"九鼎"。后人尊称他为大禹，也就是伟大的禹的意思。

殊不知，远古时期，天地茫茫，宇宙洪荒，人民饱受海浸水淹之苦。尧帝开始起用禹的父亲鲧治理洪水。鲧治水逢洪筑坝，遇水建堤，采用"堙"的办法，9年而水不息。尧的助手舜行视鲧治水无功，将他诛杀在羽山（今江苏省东海县境内）。

舜继帝位后，洪水仍然是天下大患，便命禹继续治理洪水。禹率领伯益、后稷等一批忠实助手，从冀州开始，踏遍九州进行实地考察，了解各地山川地貌，摸清洪水流向和走势，制定统一的治水规划，汲取前辈治水无功的经验教训，大胆改用疏导和堰塞相结合的办法。按《国语·周语》所说，就是顺天地自然，高的培土，低的疏浚，成沟河，除壅塞，开山凿渠，疏通水道。历时13年之久，终于把洪渊填平，河道疏通，使水由地中行，经湖泊河流汇入海洋，有效治理了洪水。这其中还有一个家喻户晓的故事：大禹娶涂山氏为妻。新婚才4天，禹便离家治水去了。他婚后离家13年，曾经多次路过家门而不进去。"三过家门而不入"和吃苦耐劳、克己奉公的忘我精神被传为千古佳话，成为中华民族精神的重要组成部分。

由于禹治水成功，帝舜在隆重的祭祀仪式上，将一块黑色的玉圭赐给禹，以表彰他的功绩，并向天地万民宣告成功和天下大治。不久，又封禹为伯，禹在天下的威望达到顶点。万民称颂说："如果没有禹，我们早就变成鱼和鳖了。"帝舜称赞禹，说："禹啊，禹！你是我的胳膊、大腿、耳朵和眼睛。我想为民造福，你辅佐我。我想观天象，知日月星辰、作文绣服饰，你谏明我。我想听六律五声八音来治乱，宣扬五德，你帮助我。你从来不当面阿谀背后诽谤我。你以自己的真诚、德行和榜样，使朝中清正无邪。你发扬了我的圣德，功劳太大了！"帝舜在位33年时，正式将天子位禅让给禹。

我想，大禹一定是从内心深处认识到了"忠"的意义，首先，做臣子的对君王"忠诚"是天经地义的事，并且认真笃行做到了忠诚；其次，他并没有因为舜曾经杀死他的父亲鲧而改变自己的认知和做法，而且对舜更加忠诚了，治水更加谨慎、更加认真了；最后，舜也没有因为禹曾经是罪臣鲧的儿子，就改变他选贤任能治理天下的认知和做法，仍然选择了德才兼备的禹继任大位。

舜和禹的所作所为，就是"切己体察当下——在事变中精进"的功夫——"惟精惟一、允执厥中"。

舜和禹是如何在他们的所作所为中"体察"和"精进"的呢？

先说舜，舜从小就受到父亲瞽叟、后母和后母所生之子象的虐待、迫害，这一点我相信他一定体察得清清楚楚。这就是他的"体察"。但舜对虐待、迫害他的父母坚守孝道，对他的兄弟象始终保持友爱，而且比以前更加诚恳谨慎，这就是他的"精进"。《尚书·大禹谟》中讲，帝舜早年受父母虐待，一个人在历山耕田，苦不堪言。但他日日号哭涕泣，仍然呼喊苍天，呼喊父母，总是诚心自责，把罪错全部自己承担，从不怨天怨父母。有事去见瞽叟的时候，总是恭恭敬敬，战战兢兢。这个时候，连顽固的瞽叟也真能通情达理了。这是他"精进"的佐证。在"体察""精进"的过程中表现的是特立独行，心如磐石，并且内心是日益强大的过程。这就可以回答有人可能会提出的问题，舜是不是很懦弱？会不会真的被害死？答案是：舜不仅不懦弱，而且内心十分强大；舜不会真的被害死，因为他对事物的体察比谁都清楚，他完全能够游刃有余地化解所有的问题，这一点他自己比谁都更明白，因为他的心胸打开了。所以，他遇事能自然而然地进行化解，就像吃饭、上厕所、睡觉一样，不用提前去筹划。这也正是他内心十分强大的结果。另外，舜是根本不会去专门考虑自己真的被害死这个问题的，如果他要真的这样想，他的作为就有私意掺杂其中，他就不能被称为"大智"，更不可能最终成为圣人。

再说禹，禹的父亲因治水失败获罪被舜所杀，这是不争的事实，但禹忠君至诚。《尚书·大禹谟》中记载，禹在接受帝舜的征询时，发表自己的见解：为君的能知道为君的艰难，为臣的能知道为臣的艰难，那么，政事就能治理好，人民也就会迅速修德了。也就是说，他体察到作为臣子是有他的艰难的，政事能否治理好，人民能否会迅速修德，就是作为臣子自己全部身心所要关注的"艰难"处。这就可以回答有人可能会提出的问题，禹是不是很害怕舜？禹是不是担心舜把他杀了？答案是：禹不仅不害怕，而且他的内心十分强大；禹不会担心他真的被杀害，因为他对事物的体察比谁都清楚，他完全能够游刃有余地化解所有问题，这一点他自己比谁都更明白。

舜在把帝位禅让给禹时，他对禹讲道："人心惟危，道心惟微，惟精惟一，允执厥中。"这既是舜对禹的嘱托，也是与禹共勉的，是他们的共识，是他们在切己体察后"精进"的体现和升华。

有人说，儒家学说不是哲学，而是伦理道德的实践派，这是有其道理的。孟子说："尧舜之道，孝悌而已矣。"正是"惟精唯一"的学问，放之四海而皆准，在什么时候施行也无一例外。

现实生活中，人们往往做不到像舜和禹那样，切己体察当下，在事变中精进。也就是说，根本做不到"惟精惟一，允执厥中"。分析起来大致有以下原因。

生活中的一切对我们来说都太重要了，衣、食、住、行，以及工作、家庭、身份、地位、金钱、声誉，我们都不知不觉地在围着它们转，日复一日、年复一年，把自己搞得疲惫不堪。

身处顺境的时候，我们还一心想让这种美好的状态一直保持下去，不被任何突发事件所打破，费尽心思、想方设法去保护它；有的时候表现为深谋远虑、防微杜渐，一心想确保万无一失；有的时候还表现为紧张、神秘，仿佛自己是待宰的羔羊，周围尽是饿狼。身处逆境的时候，我们被搞得焦头烂额、寝食难安，有的时候"压力山大"，整个人都要被压垮了。

无穷无尽的压抑、孤独、怨恨、哀愁、恐惧、贫穷等，是人生中无法剪断的锁链。由此，趋利避害成为所有人的选择。趋利避害本身没有问题，但一味地避害，自己就不会有时间和机会去认知和体验。而且避开一种烦恼，往往又产生另一种烦恼，仍然得不到安适，只能陷入恶性循环。

很多人几乎完全忘记了"我"：我是谁？从哪里来？到哪里去？

现实中是不是很少有人去思考：到底什么是人？人为什么活着？人生的意义到底是什么？

说到底，思想上有迷雾，行动上有羁绊，现实中有顾虑，不能发现因缘，又找不到机缘。没有知、没有定，就不能用真诚去拥抱这个世界、拥抱一切，就不能像舜和禹那样去"体察"和"精进"，到头来，只能是懵懵懂懂，茫茫荡荡，一生忙碌，不知所终。

机缘往往就是人情事变，就是平常人所说的疾病、磨难、困苦等，它会导致人的生活境遇发生变化。这种变化表现出来的形态差别很大，因为人情事变有突变、渐变，明变、暗变，激变、缓变，大变、小变，有的是飞来横祸，有的是自酿苦酒，等等，不一而足。虽然表现出来的形态不一，但本质上都是一样的，它都会导致人的生活境遇发生变化。比如，本来觉得喜事连连、好事不断，结果却发生了意想不到的灾难，喜与忧的瞬间转换，让人心里感受跌宕反转，难以接受。如果诸如此类的事件，一个接着一个，在一段时间内接连发生，就像一块被人推下山坡的圆石，一次又一次地受到程度不同的撞击和伤害，有时甚至是毁灭性的撞击，这往往是修身做学问，悟得大本大原的最佳机缘。然而人们往往感知不到这个机缘，更谈不上抓住、利用这个机缘了。因为遇到人情事变，人们往往像临赛前的运动员，除了"焦灼"，还有头脑空白一片。正因为如此，人间悲剧经常上演：自暴自弃、怨声载道、痛哭流涕、抑郁不振、大吵大闹、大打出手、诉讼不休、跳楼自杀，或者是喜不自胜、忘乎所以，有的还乐极生悲。殊不知，这里面暗藏玄机，就像优秀运动员，临赛前可以"焦灼"，但真正进入赛场，他会物我两忘，唯有细节。在人情事变的时候，你若能迅速体认到人生短暂，"暇满难得"，不在烂人烂事上纠缠，不以物喜，不以己悲，选择"惟精惟一、允执厥中"，专一于当下，就能意志端正，就能够修身做学问，尽心滋润天道，从而达到顿悟真理、证悟智慧的境界。也正因为如此，人情事变才称其为机缘。所以，不要停下当下的脚步，不要改变自己的节奏，按部就班地调整好自己的工作和生活，把更多精力放在修身做学问上，切己体察，夭寿不二。要知道这时候的修身做学问，远远不只是走出困境的方法，而且是成就事功的良机。

第一要放松心情。任何事物都有两面性，经历人情事变可以扩展人的胸襟，涵养人的浩气，就像肌肉可以锻炼、拉伸一样，曾益其所不能。所以不要紧张郁闷，而要放松心情；不要纠结于事变，而要在所谓的逆境中安住。《次第花开》一书中讲道："弟子，你应该把窗户打开，看外面的虚空，宁静而广阔。尽量放松身心，凝视天空，慢慢地把心融入天空中，安住。"但要切记，放松心情，绝不意味着打扑克牌、打麻将、打游戏，空耗时光，更不是放纵，灯红酒绿、纸醉金迷。而是要安静下来，想想自己到底应该干什么。宗喀巴大师说过："心地善良的人今生来世都会过得安乐。善良的人如果坚定而稳重，一旦开始修行，解脱就不远了。"如果你能放松下来，做到"君子慎独"（后面章节有专门论述），单独地去感知那些冲突或矛盾，并且放下对自己的担心、怜悯、评判，不再只是在"我对我错""我行我不行"的圈子里打转，而是去与外在的文明本源沟通，"惟精惟一，允执厥中""致中和"，此时你的心就打开了。要知道，没有沉默的意志，就没有光明的智慧；没有隐微的行为，就没有显著的功勋。

第二要找准目标。人在安静下来的时候，才能找到学习和探求中国优秀传统文化的方向，学习领悟历代圣贤的智慧，充满温情和依赖。《尚书·大禹谟》就是让我们放松心情、打开心扉、学习和探求中国优秀传统文化机缘和方向，可以作为我们处理一切事务的遵循。由无明而生烦恼，倘若意念不净，一切便无从谈起。因为意念不净就会懈怠，懈怠就会不精进，不精进就会失去修身做学问的机缘。所以说，烦恼能障碍修行者超凡入圣。大家都知道，孔子当时为实现拨乱反正的理想周游列国，奔走呼号，终究无法施展自己的经世抱负，有人诋毁他，有人陷害他，隐士们觉得他多事，弟子中也有人认为他迂腐。但孔子不为所动，仍然坚守正道，对民众之困苦灾难感同身受，就像是在路上寻找丢失的儿子一样，坐不暖席，匆匆忙忙，知其不可为而为之，这是因为他有一份与天地万物同体的仁爱之心，迫切地感到了切肤之痛，即使想停也身不由己了。这就是信仰的力量。

第三要忍辱机敏。遇有人情事变，"忍辱"中的勇气不是来自意志力，而是来自内心的廓然大公，在危机的冲击下，努力不让内心变得僵硬和麻木，就算是在最艰难的时刻，也要保持心中的善恶评判标准，执中致和，坚守"惟精惟一，允执厥中"道法。因为忍辱，我们在困难中才不会轻易被负面情绪击垮，而是保持判断力，采取适当的、平和的方式解决问题，避免陷入更深的泥潭，避免进一步受到伤害。忍辱也让我们宽容，更好与人融洽相处，建立友谊。坚守"允执厥中"法则，就是坚守正义之心、公平之心、是非之心，始终保持中正平和，这与仁义礼智信具有内在的有机联系。"机智"就是要用开放的辩证的眼光看待事物。北京师范大学心理学院教授郑日昌讲过，要懂得辩证认知。一是要懂得相对论，不好中有好；二是要懂得全面论，这方面不好那方面好；三是要懂得发展论，现在不好将来好；四是要懂得平衡论，凡事有度才算好。毛泽东曾讲道："人就是要压的，像榨油一样，你不压，是出不了油的。"人没有压力是不会进步的。人能遭受多大的难，就能办多大的事。

第四要切己体察。永远不要离开当下。一定要回归现实，立足现实。《悉达多》一书中讲，"跟河水学习，首先是学会抛弃激情和期盼，不论断、无成见地以寂静的心，侍奉和敞开的灵去倾听"。每个人终其一生都只能活在当下"这个时刻"，要把现实的一切因缘、机缘牢牢抓住。也就是说，无论如何不能把日常事务与修身做学问当成两回事，一定要融合起来，两相促进。不管发生什么样的事，出现什么样的人情事变，都要用《尚书·大禹谟》中四句话十六字心传的义理来修身做学问。这一点非常重要。既是智慧，也是艺术。切己体察的方式有三：一是要自求自得，把功夫下在自己用力去做上；二是要着身体认，不可只作文字功夫；三是要自信不疑，不可人云亦云、毫无主见、随声迁就。

第五要坚毅用功。全身心地投入到修身做学问中来，在处理纷繁复杂的事务中体悟，在博览群书中明辨。这既要有激情，更要有毅力。因为在绝大多数人看来，这是一场孤独而枯燥的马拉松，但只有自己知道在这追求新知中心情是怎样的宁静、平和与喜悦。正如德国哲学家叔本华在《人生的智慧》中所讲的，"具有强大精神力量的人却能够全身心地投入到培养自我认知能力的行动中去，不受任何欲望的刺激和摆布。这种全身心的投入将他们引入了一个没有痛苦、一个众神愉快生活之地"。

我用《悉达多》中的一段话作为本讲的结语："什么是智慧？什么是他的目标？不过是在生命中的每个瞬间，能圆融统一地思考，能感受并融入这种统一的灵魂的准备，一种能力，一种秘密的艺术。"

请看：

云销雨歇

　　云销雨歇，寤晨风清，天色朦胧。凭借光景起征，何所向，发轫天津。春秋遑遑不淹，惟风雨兼程。藉恰风，怀质抱情，笑看申生与后生。
　　自古有志事竟成，君不见宁伊姜太公。今时穷且益坚，眇远志，内厚质正。此去雄关，正是良辰千载难逢。沈瀏兮天高气清，彩云万里行。

天津，指传说中天上银河的天津渡。藉恰风，这里特指统御天时、地利、人和之风，即新的机遇和抓住机遇之意。

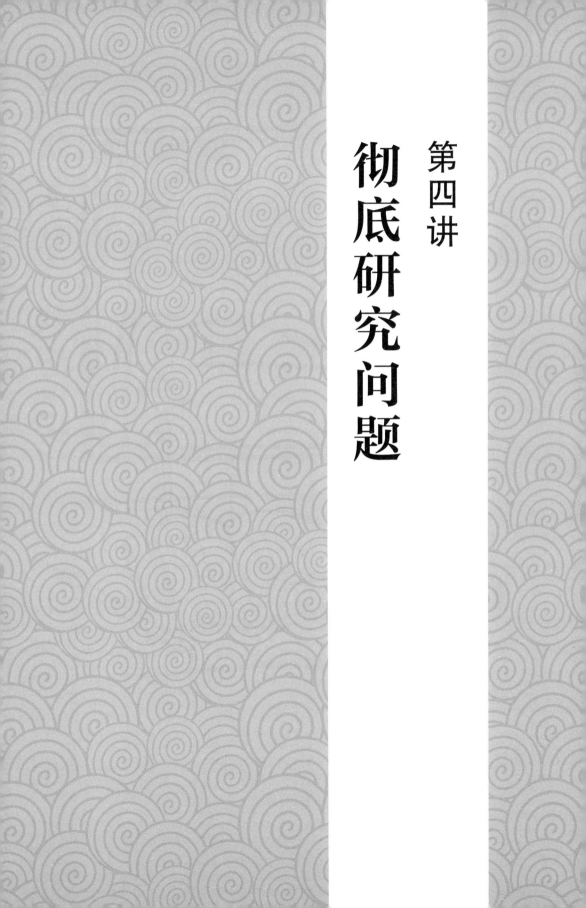

第四讲

彻底研究问题

寂然無聲　我心自安

搞清来龙去脉，彻底研究问题，主要是紧密结合自己的实际，在博览古今中外圣贤、伟大人物的相关论述的基础上，系统化梳理研究你所遇到的矛盾和问题的是非曲直。这就是《大学》中所讲的"格物、致知、诚意、正心"的功夫。目的是通过抓住核心事件及核心事件中你认为可以深入研究思考的关键细节问题，一一加以分析研究，用心深入体悟天道、天理，"允执厥中"，涵养自己的浩然之气。

王阳明在《传习录》中讲，浩然之气，是在对纷繁复杂的事务"体察"和"精进"过程中"集义"所生，来源于日日事事不断地积累。孟子讲"必有事焉"，也是讲日日事事不断地"集义"。因此，"集义"就成为涵养浩然之气唯一要做的事情。所谓"义"就是"宜"，是指按照"惟精惟一，允执厥中"的功夫，做他应该做的。要想浩然之气充足，必须从事于集义和积累，功深力到，自然充足。"集义"不能预先设计目标、期限、效果，不能有的事用心做到了他应当做的，而有的事又没有做到他应该做的，这就不叫集义了。也就是说，无论大事小事，无论事情的轻重缓急，要时时刻刻每件事上都集义才行，不能有选择地、时断时续地去做，而且做的时候，不要夹杂任何的功利心、私心。

当苏格拉底站在审判他的法官面前演讲时，讲"如果不研究问题的来龙去脉，任何人都休想得出正确结论"。(《宽容》)这就是"搞清来龙去脉——彻底研究问题"的出处。

说教总是枯燥乏味的。这里仍然用舜的故事为例，来说明搞清来龙去脉，彻底研究问题的思路、方法、细节和相关注意事项。

舜从小受父亲瞽叟、后母和后母所生之子象的迫害。其中，想杀掉舜的重大事件有两次。

第一次，瞽叟让舜修补仓房的屋顶，却在下面纵火焚烧仓房。舜靠两只斗笠作翼，从房上跳下，幸免于难。

虽然相传的故事记载只有这两行字，但分析起来却意味深长！

先看瞽叟。瞽叟让舜修补仓房，却在下面纵火，显然瞽叟让舜修补仓房这件事肯定不是真心的。既然不是真心要修补仓房，又要舜来修补仓房，他就要找出各种理由，至少在瞽叟看来能让舜相信，需要修补仓房。比如，制造一个仓房顶的洞，或者把一个小毛病搞大一点，或者房顶正好有个洞，总而言之，要把舜说服了。可是他是要烧死舜的，不是真的要修补仓房，所以他说与舜的话一定不是真心的。但当仓房着火了，舜从房顶上跳了下来，幸免于难，这个时候瞽叟一定又会说出一堆意外失火的说辞，可明明是他想烧死舜，所以他的所有说辞都不是真心的。

再看舜。因为舜是大孝子，所以当瞽叟让他修补仓房房顶时，他二话没讲就答应了，当他看到房顶着火的时候，靠两只斗笠作翼，从房上跳下，幸免于难。为什么舜在房顶上修补仓房，他身边能有两只斗笠？仓房房檐处离地面能有多高？也就是两米多，一个年轻人从房檐处跳下也不会有太大的事。但是，舜"靠两只斗笠作翼，从房上跳下"，这说明他对修补仓房这件事心如明镜，他是有所准备的。因为舜孝敬父母是真心的，所以他修补仓房房顶这件事也是出于真心的。

第二次，瞽叟又让舜掘井，井挖得很深了，瞽叟和象却在上面填土，要把井堵上，将舜活埋在里面。幸亏舜事先有所警觉，在井筒旁边挖了一条通道，从通道穿出，躲了一段时间。瞽叟和象以为阴谋得逞，象说这主意是他想出来的，分东西时要琴，还要尧的两个女儿给他做妻子，把牛羊和仓房分给父母。象住进了舜的房子，弹奏舜的琴，舜去见他，象大吃一惊，十分不高兴，嘴里却说："我思舜正郁陶！"舜也不放在心上，一如既往，孝顺父母，友于兄弟；而且比以前更加诚恳谨慎。

先看瞽叟和象。瞽叟让舜掘井，瞽叟和象却在上面填土，要把井堵上，将舜活埋在里面，这说明瞽叟让舜掘井这件事肯定不是真心的。既然不是真心要掘井，又要舜来掘井，他就要找出各种理由，至少在瞽叟自己看来能让舜相信，需要掘井，比如原来的水源怎么不好，离家远？水质不好？井深不够？等等，总而言之，要把舜说服了。可是他是要活埋舜的，不是真的要掘井，所以他说与舜的话一定不是真心的。但因为舜事先有所警觉，在井筒旁边挖了一条通道，从通道穿出，躲了一段时间，再次出现的时候，瞽叟和象已经以为他们活埋舜的阴谋得逞，舜的财产已经被象和他的父母分掉。那这个时候，瞽叟一定又会说出一堆说辞，可明明是他想活埋舜，所以他的所有说辞都不是真心的。象明明住进了舜的房子，弹奏着舜的琴，舜去见他，象大吃一惊，老大不高兴，嘴里却说："我思舜正郁陶！"这不用说肯定不是真心的，至于他怎么向兄长舜解释，说辞也一定不是真心的。

再看舜。因为舜是大孝子，所以当瞽叟让他掘井时，他二话没讲就答应了。幸亏舜事先有所警觉，在井筒旁边挖了一条通道，从通道穿出，躲了一段时间。这说明他对掘井这件事心如明镜，心中是有所准备的。但因为舜孝敬父母是真心的，所以他掘井这件事也是出于真心的。

当然，这只是一个十分粗略的分析，真正的来龙去脉，每一个环节、每一句话，只有当事人舜和瞽叟、象最清楚。而针对两次想杀掉自己的事件，"舜也不放在心上，一如既往，孝顺父母，友于兄弟；而且比以前更加诚恳谨慎"。这说明舜对孝悌是一以贯之的。在舜看来，这是天之实理，是自然大道，自己按照孝悌做事是天经地义的，必须一以贯之的。在舜看来，他的父母、弟弟对他怎么样，他心中清清楚楚、心如明镜，但那是他们自己的事，不管他们做的事如何离谱，舜也不会改变自己对孝悌的真诚恳切。

有人可能会说，那舜为什么不干脆把他的父亲瞽叟和弟弟象杀死算了？

试想一下，果真如此，舜不就成了大逆不道了吗？他怎么可能成为中华民族千百年来宣扬的《二十四孝》中第一孝所讲故事的主人公？

上面细化分析故事情节并不难，但我想表达的不是故事情节的细化，而是想表达这个故事背后人心的真与假、善与恶。按照儒家学说，自然大道、天之实理只有一个，而且天理是不能有附加条件的，天之实理就是"致善""致诚"，也就是王阳明所讲的"致良知"，正心诚意就是"致良知"。大舜孝悌，做到了"致诚"，他就是坚守了"天理"。

如果像前面假设的那样，舜把他的父亲、弟弟杀了，那等于"孝悌"这个自然大道、天之实理，就成为有条件的、可以变通的了，那它就根本不是"天理"了。所以，他也根本不可能成为中华民族千百年来的大智圣人了。

如果像前面假设的那样，舜把他的父亲、弟弟杀了，那等于"致良知"是假的了，因为天理是无条件的。前面分析他的"真心"就是假的了。《红楼梦》中讲"假作真时真亦假，无为有处有还无"。当你把真实的东西当作虚幻的东西来看待时，虚假的东西甚至比真实的东西显得更真实。当你把不存在的东西说成是存在的东西时，捏造的事实甚至比存在的事实更显得真实。即使他的真心是"致孝悌"，也可能被他的父亲瞽叟和弟弟象编造的谎言所障蔽，最终只能成为永世奇冤！

如果像前面假设的那样，舜把他的父亲、弟弟杀了，作为圣人，他的心本应始终坚守"天理"："致诚""致善""致良知"，却因父亲和弟弟的作为，而去做违背天理的事情，被身边外在的事物所诱动，这就说明他根本没有达到圣人"致良知"的境界，甚至根本不可能成为千古至圣。

修身做学问，体悟发现天道、天理、"道心惟微"的真谛，证悟智慧，这一关才是最难过的。

我们应该区分清楚，"以牙还牙、以眼还眼""善有善报，恶有恶报，不是不报，时候未到，时候一到，立刻就报"，这已成为中国人口头禅的话，表达着中国人的善恶报应观念。作为修身做学问的人，就是要始终坚守"惟精惟一，允执厥中"。

话说回来，修身做学问，搞清来龙去脉、彻底研究问题，不只是为了更加坚定信心，始终自觉坚守"惟精惟一，允执厥中"，还有更深一个层次的收获，那就是涵养浩然之气！

舜，从小受父亲瞽叟、后母和后母所生之子象的迫害，且两次密谋要杀害他。舜的"孝悌"之心坚如磐石，且一以贯之笃行。在这个过程中，他的浩然之气得到了极大的涵养，因为浩然之气靠"集义"而生。

天地之间充盈着浩然之气。圣人的心达到天人合一的境界，等同天地，所以，圣人的浩然之气也是等同天地的。浩然之气，来源于日日事事不断地积累，要想浩然之气充足，必须从事于集义，靠积累；功深力到，自然充足。

舜经历的两次要命事件，对他来讲真可谓是重大事件了，这个经历，对他涵养浩然之气起到了至关重要的作用。

浩然之气是可以度量的。为了说明这个问题，也为了表达方便起见，我们先假定几个概念："恶魔"，指做伤天害理之事的人；"魔心"，指恶魔的心；"魔道"，指魔心所行的道；"魔距"，指魔道距离天道道心的距离，恶魔做伤天害理的事愈烈，魔距愈远；"魔高"，指恶魔在做某件伤天害理之事的时候，他的恶势力能所能达到的高度，它是由恶魔所做某件伤天害理之事的所有环节、所有细节叠加而成；"魔长"，指恶魔做某件伤天害理之事的持续时间。受害者一方，如果在应对恶魔作恶这件事情上，笃行了"惟精惟一，允执厥中"，即坚守了"天理"，那么他在这件事情上所涵养的浩然之气为：

（受害者）涵养浩然之气的量 = 魔距 × 魔高 × 魔长。

这里可以看出，孟子提出的"集义""养气"之说，虽然与《大学》中所讲的格物、致知、诚意、正心的功夫是一回事，但前者是对后者的深化、细化，更具体、更容易体察。涵养浩然之气，从本质上说，就是"夭寿不二修身，不怨天不尤人"。"搞清来龙去脉，彻底研究问题"，就是要从义理上对事物的是非曲直反复"丈量""核算"，力求得出精确的结论，这对于修身做学问者体悟发现天道、天理、"道心惟微"的真谛，证悟智慧，意义非凡。这里需要特别提出的是，"丈量""核算"得出精确的结论，是为了更好地按照义理修身做学问，而不必去找"恶魔"算账清账。"搞清来龙去脉，彻底研究问题"，绝不是就事论事，而且要用先圣先贤的智慧来加持。这需要"虚心涵泳文源"，大量阅读圣贤书，学习了解中国优秀传统文化经典及其研究成果，包括一些诗词歌赋等。在圣贤书中寻找古人——能解答他疑惑的古人。这是一个寻求时光穿越，与先圣先贤心灵智慧沟通交流，从而实现"惟精惟一、允执厥中"的外求巧力圣智功夫。

在《孟子·离娄章句下》中，孟子讲道："君子之泽，五世而斩。"一个有本事的君子，得了个好位子，挣了一大份家业，想千秋万代传下去，但君子的梦想终会被残酷的现实所击碎。用老百姓的说法，那就是"富不过三代"的宿命。五世也好，三代也好，贫与富，是在不断地转换。富贵人家总是难以持久。也许这是一种自然的调节，自然的公正。"五世而斩"定律，被称为中国历史上恒久不变的"九大定律"之一。中国汉族世家大族很少能打破"五世而斩"定律，也就不难理解了。说到底，就是因为他们的后代，养尊处优，一代一代的生活，离天道渐行渐远，浩然之气也就耗尽了，怎么可能千秋万代兴盛不衰呢？

《红楼梦》里的四大家族名满天下。书中描述："贾不假，白玉为堂金作马，阿房宫三百里，住不下金陵一个史。东海缺少白玉床，龙王来找金陵王，丰年好大雪，珍珠如土金如铁。"贾家从发迹到没落也不过三代的光景，从书里看其他三家比贾家倒得还要快些。中国历史上朝代也多衰亡于第五代统治者，这是中国历代王朝兴衰沉浮不可违抗的宿命。历代王朝的创立者栉风沐雨、艰苦备尝乃有天下，所以，经营起来无不万分小心，像唐太宗、朱元璋都是一生勤政、宵衣旰食，至少在他们统治前期是这样的。然而，到了第三代或第四代，这种作风已经渐行渐远，王朝的衰败也就在所难免。孟德斯鸠在《论法的精神》中曾指出，大体上我们可以说，所有的朝代开始时都是相当好的。品德、谨慎、警惕，在中国是必要的；这些东西在朝代之初还能保持，到朝代之末便都没有了。他讲道："开国的皇帝是在战争的艰苦中成长起来的，他们推翻了耽于逸乐的皇室，当然是尊崇品德，害怕淫佚……但是在开国初的三四个君主之后，后继的君主便成为腐化、奢侈、懒惰、逸乐的俘虏；他们把自己关在深宫里，他们的精神衰弱了，寿命短促了，皇室衰微下去……篡位的人杀死或驱逐了皇帝，又另外建立一个皇室……"

正因为如此，"井无压力不出油，人无压力不进步""人能承受多大压力，就能办多大事"，也就不难理解了。

正因为如此，"天将降大任于斯人也，必先劳其筋骨，饿其体肤，空乏其身，行拂乱其所为，所以动心忍性，曾益其所不能"，也就不难理解了。

正因为如此，佛教中的苦行僧，也许有他一定的密意。

……

从某种程度上说，经历的事情越多、境况越复杂，特别是在逆境中（遭受的磨难越多、越大）锻炼，对一个人的成长是有莫大好处的。对于立志修身做学问的人，在遇到困难和问题的时候，特别是身处逆境时，要善于用全面、辩证、长远、敏锐的眼光看问题，善于利用各种因缘、抓住各种机缘，修身做学问，抑或你离体悟发现天道、天理、"道心惟微"的真谛，证悟智慧的目标就不远了。

有时候我在想，我们要感恩生命中遇到的每一个人，父母的养育之恩，家人、亲朋、好友的关心、关爱、支持和帮助，学校老师的培养教育，单位领导的言传身教，部队战友、单位同事的互帮互助、团结协作、朝夕相伴，哪怕是一个指路人，他也为我们前行指引了方向……

我们也要感恩那些在我们生命中给我们出难题的人，还要感恩那些对我们挖坑、陷害、下毒手的人，因为是他们为我们体悟发现天道、天理、"道心惟微"的真谛，证悟智慧，创造了最佳的机缘。人人都知道敌人与自己为仇，却不知道敌人对自己也极有好处；人人都知道敌人会对自己有害，却不知道敌人对自己大为有利。这就是柳宗元提出的"敌戒"定律。

如此说来，那些在生活中总是紧张、对抗，对自己、对别人、对周围的一切都紧张兮兮的人，何必呢？那些总是想着"以牙还牙、以眼还眼"，不顾一切"以怨报怨、以暴制暴"，冤冤相报的人，何必呢？还有那些遭受点委曲、遭受点打击、遭受点挫折，就哭天抹泪、大吵大闹的，就想不开，就抑郁、跳楼，何必呢？春日春风也好，风刀霜剑也无妨。"暇满难得"！"宇宙即我心，我心即宇宙"，放松心情，敞开怀抱，拥抱先贤，修身做学问，这是一条拥有内心幸福和平静的，可以体悟发现天道、天理、"道心惟微"的真谛，证悟智慧，走向人生彼岸的康庄大道！

请看：

收潦水清

收潦水清，正值恰风生。彩云万里动，发显荣。顺遂风云便，摅虹据青冥。何高辛灵盛？不实虚作，焉与日月并明？

申旦起征，吾将修婍禀命。幸有古圣贤，堪效行。惟悫察微知远，计专专，步列星。时不可再得，渡了天津，换得千秋惠声。

高辛，帝喾，姬姓，名俊。五帝之一。生于高辛（今河南省商丘市睢阳区高辛镇），故号高辛氏。司马迁说他是黄帝的曾孙。姬俊5岁时（前2270）受封为辛侯，15岁（前2260）辅佐叔父颛顼，前2245年（颛顼78年）颛顼死后，时年30岁的姬俊继承帝位，成为天下共主，以亳（今河南省商丘市）为都城，号高辛氏，当年改元为帝喾元年，深受百姓爱戴。享寿100岁；死后葬于故地高辛，建有帝喾陵。

恰风，这里特指天时、地利、人和之风，即新的机遇之意。

天津，这里指传说中天上银河的天津渡。

下足慎独功夫

獨脩而明心

大家都知道，做一件好事容易，做一辈子好事是很难的，排除千难万险一直去做好事更是难上加难。像舜那样，行孝悌、行仁义，不顾生死，方寸坚如磐石，只有圣人才能做到。

王阳明在《传习录》中讲道，世上除了人情事变以外就没有什么事情了。人的喜怒哀乐，难道不是人情吗？从人的看、听、说、做，到人的富贵、贫贱、患难、生死都是事变。王阳明还讲道："事变亦只在人情里，其要只在'致中和'，'致中和'只在'谨独'。"所有的事变都体现在人情里，关键是要在人情事变中不走极端，保持"中正平和"的心态。而要做到中正平和，关键就在于"谨独"。

（一）

立诚正心、反身而诚。这是"慎独"的第一个要义。

《中庸》中讲道："道也者，不可须臾离也，可离非道也。是故君子戒慎乎其所不睹，恐惧乎其所不闻。莫见乎隐，莫显乎微，故君子慎其独也。"道，是不可以片刻离开的，如果可以离开，那就不是道了。正因为如此，君子要谨慎戒惧自己看不到、听不见的地方。在隐微之处，不可显现自己的个性，要在自己的内心深处保持喜怒哀乐之未发之"中"的状态。所以，君子一个人独居的时候要特别谨慎。"慎独"，要求我们在独处的时候，严格要求自己，戒慎自守，防微杜渐，把不正当的欲望、意念在萌芽状态克制住，自觉地遵从道德准则为人行事。我们在独自活动的时候，虽然做坏事有可能不会被发现，也仍然要选择坚守自己的道德理念，不去做任何违背道德准则的行为，不做任何坏事。

《大学》中也讲道："小人闲居为不善，无所不至；见君子而后厌然，掩其不善，而著其善。人之视己，如见其肺肝然，则何益矣。此谓诚于中，形于外，故君子必慎其独也。"意思是说，品德低下的人在私下里无恶不作，一见到品德高尚的人便躲躲闪闪，掩盖他们所做的坏事。殊不知，掩盖是没有用处的，内心的真实是一定会表现到外表上来的，别人看你就像能看见你的心肺肝脏一样。所以，修身做学问，哪怕是在一个人独处的时候，也一定要谨慎。

"慎独"的根本要求是"诚其意"。《中庸》主要是讲"诚身"的，"诚身"的极限就是"至诚"；《大学》主要是讲"诚意"的，"诚意"的极限就是"至善"。至诚、至善功夫一样，都是"慎独"功夫。

曾国藩在《挺经》中讲，"独"是君子和小人都能够感受到的。小人认为，一个人时会产生非分的念头，这样的念头积聚多了就会任意妄为，由此欺人的坏事就会发生。君子在"独"处时，会因忧惧而生出真诚的意念。真诚的念头积聚多了就会处世谨慎，由此对自己不满意的德行下功夫进行匡正。君子和小人都是独自处世，两者的差距却天壤之别。所以，"慎独""一念之诚"是首要，而"积诚"是重点。

"诚者，天之道也；思诚者，人之道也。"（《孟子·离娄章句上》）"诚"是真实无妄的意思；"天"指自然，"天之道"就是自然之道或自然的规律。所以说，诚是天之实理。人之道，是指做人的道理或法则。中国传统文化认为，人道与天道一致，人道本于天道。所以，我们要讲诚心诚意。

《大学》中讲道："欲诚其意者，先致其知，致知在格物。"我们还是要从"格物致知"上下功夫。那怎样"格物致知"呢？王阳明《传习录》中讲，"格物致知"的功夫在两个方面：一是"有事时省察"，就是遇到事情的时候，能够自然而然地按照天理和良知的要求去行事，换句话说，就是通过纷繁复杂的事物实地用功，体认天理和良知。二是"无事时存养"，就是在没有遇到事情的时候，通过静坐思虑，克服掉私欲，使我们的心如水如镜。修身做学问应该经常反省自身，发现自己的不足之处，就不会有时间去苛责别人了。这就是孟子所讲的"大人格君心"，也就是"反身以诚"。另外，"反身以诚"与《道德经》中"反者道之动"意蕴相向，可以说是一个问题的两个视角表达。"反身以诚"，要求君子遇到那种文过饰非的大奸之徒，如果去责备他的过失，反倒会激起他的恶性。《中庸》中讲道："修身以道，修道以仁。"修养自己在于遵循大道，遵循大道要从仁义做起，亦即求仁，通过求仁，达成弗洛伊德分析的人格结构中的"我"的"超我"状态：汇聚能量，涵养浩然之气，从根上纯粹一个人的精神，把自我的思想提纯到全无邪念，自觉自愿地做好事而不做坏事，使思想信念与行为举止纯然一体。一个人只有在自己的灵魂深处去掉"私"字才能产生出崇高的、无限的道德力量。遇到恶人，最好的办法是置之不理。

舜对待他的父母兄弟的孝悌之心是诚的。据传说，舜在 30 岁时被尧征召之后，象天天还在想着怎样杀掉舜，这是何等奸邪的事！舜仍然只用义来要求自己，用自己的义来感染象，并没有力图改变象的奸邪。什么样的奸邪狠毒之人会像象这样，用好的说辞来掩盖自己的邪恶，这是奸邪之人的常态；如果舜指出了象的对错，反而会激发象的邪恶。刚开始的时候，舜招致了象要杀他的想法，就是因为舜希望象成为好人的心情太急切了，指出了象的过错并要求他改邪归正。后来，舜不去责备象了，这样就有了家庭和睦；舜动心忍性，所得到的其他做法都不能带来益处。古代人说的话，都是从自身经历中总结出来的，所以说得很中肯贴切，流传下来，真的不能简单地只当作感情上的事。如果不是自身经验的总结，怎么可能会有那么多的良苦用心。舜在遭受其父母、兄弟残害的情况下，仍然像往常一样对待他的父母、兄弟，而且孝顺父母、友于兄弟比以前更加诚恳谨慎了，他做到了立诚正心、反身而诚。

归纳起来，我们修身做学问，像舜那样做到"慎独"，就是强调要讲"天道"，按照天理良知做事；要想按照天理良知做事，需要"诚其意"；"诚其意"，需要"格物致知"；"格物致知"，需要"有事时省察""无事时存养""大人格君心"，从修我们的内心上下功夫，做到立诚正心、反身而诚。

（二）

独立思考、正本清源。这是"慎独"的第二个要义。

有一次，我在网上看到一篇关于新冠疫情背景下，学生在家上网课学习的文章。这篇文章冠以"君子慎独"这一主旨。的确"慎独"对于读书做学问有着重大的指导意义。

"慎独"，要求读书做学问要有严格的自律意识；否则，读书不可能读得好，做学问不可能有所成就。这一点不用细说。

读书做学问不能掺假，不能自欺欺人。这一点也不用细说。

读书做学问在坚持循序渐进、渐积而前，先求充实、后求通达等一般原则外，要特别重视并学会独立思考。

独立思考，是"慎独"在我们修身做学问所独知时的功夫，是读书做学问中精进的功夫。庄子的"独与天地精神往来"；惠施的"倚树而吟，据槁梧而瞑，超然物外观物美"，正是对这种独立思考、精进功夫的诠释。

独立思考，就是用我们自己的思路、自己的切入点、自己的维度和视角，结合自己的知识结构和实践经验反复"体当"，对人情事变进行思考加工，从而形成自家的体会认知。这就是用心、上心、明心的过程，心体明即道明，达到用之则能够发之于我们自家心上的状态，这才是真正的学问，与生吞活剥、死记硬背、就事论事是有本质区别的。如果达到这样的心体状态，我们修身做学问就像有源之水，生意不穷；像树木抽芽，这是树木生长的发端处，抽芽说明扎根了，有了根、有了芽，然后才能长出树干，长出树干后才能生枝生叶，才能生生不息，最终长成大树。

如果没有独立思考，没有形成我们自己的体会认知，等于我们的认识没有根基，就像水无"本源"。如五六月份下大雨，雨水一时也能注满沟渠，但它很快会干涸。

独立思考，形成我们自己的体会认知，就等于我们的认知有了本源，这个"本源"的关键，是要有个宗旨，这样学问才有着落，就像结网之纲，纲举目张。比如，医院里某一科室的医生，必须知道这个科里的病人得的都是什么病，这是需要医生通过"独立思考"才能弄明白的，知道了科里的病人得了什么病，他所从事的一切工作就都有了着落，才能对症下药。医治好病人，是为良医。

《论语》中曰："吾日三省吾身——为人谋而不忠乎？与朋友交而不信乎？传不习乎？"《论语》中孔子强调，做学问要在心地上下功夫，而不要在见闻上下功夫。见闻上的功夫下得越深，做学问的精力就减损越多。王阳明在《传习录》中讲道："人若不知于此独知之地用力，只在人所共知处用功，便是作伪，便是'见君子而后厌然'。此独知便是诚的萌芽。""于此一立立定，便是端木澄源，便是立诚。"就是说，我们修身做学问，如果只知道在人人都懂的地方用功，而不知道应该在独立思考处用功，便是作假，在独立思考处下功夫便是诚意的萌芽。如果能在此站稳脚跟，就是正本清源、坚定诚意。一言以蔽之，独立思考、正本清源，就是从学理上、事理上、情理上把人情事变想透彻，直到彻底把自己的心胸打开，不管遇有怎样的人情事变也都能心中安泰，这是一个"行之惟艰"的功夫。

可以说，在独立思考处下功夫是修身做学问的关键。否则，读过的文章即使字字珠玑，也会如耳旁风，入不了心；经历的人情事变再纷繁复杂，也理不出头绪，找不到前进的方向，很难精进。换句话说，如果只知道在人人都懂的地方用功，而不知道在应该独立思考的地方用功，那看似在用功，实则会劳而无功，最终别人的知识会全部还给别人，书本上的知识会全部还给书本，经历的人情事变只能成为不堪回首的记忆。想要修身做学问，体悟发现天道、天理、"道心惟微"的真谛，证悟智慧，根本是不可能的。

归纳起来，我们修身做学问，像舜那样做到"慎独"，就要学会并善于独立思考，用自己的思路、自己的切入点、自己的维度和视角，结合自己的知识结构和经验反复"体当"，形成属于我们自己的体会认知；并且一定要找到"本源"，找到事物之中蕴含的天之实理。有了这个"本源"，明确了读书做学问的宗旨目标，读书做学问就有了着落，就像有源之水、有本之木，生意无穷，这才是我们修身做学问的关键要旨。

<h1 style="text-align:center">（三）</h1>

明善诚身、实事求是。这是"慎独"的第三个要义。

"明善诚身"，出自《中庸》："诚身有道，不明乎善，不诚乎身矣。"明善，是指格物穷理然后致知，即明察事理，了解什么是善；诚身，是指以至诚立身行事，使我们的行为符合天理准则。"明善诚身"是"反身而诚"的深化。"反身"是为了"明善"，"诚意"是为了"诚身"。

世间有一种人，懵懵懂懂地任意去做事，全不解思维省察，"闭塞眼睛捉麻雀""瞎子摸鱼"，粗枝大叶；还有一种人，茫茫荡荡悬空去思索，全不肯着实躬行，讲起话来，夸夸其谈，满足于一知半解，仅仅根据一知半解，根据"想当然"发号施令，造成一错再错，就像庄子讲的"朝三暮四"变为"朝四暮三"的故事一样，不能解决实际问题；还有一种人，偶然良心发现鼓起劲儿干一件大好事，其他的就不管了，平时不按良知行事，即"义袭而取"。以上这几种人，都是不明善、不诚身的具体表现。孟子说，不要"义袭而取"，要"集义而生"。要确保干的每件事都是好事，跟积德一样，才能修有所悟，学有所成。

"明善诚身"，明理识仁就是明善，识得此仁以诚敬存之就是诚身。"明善诚身"，要求我们对每个人、每件事，都做到一点毛病没有，无过不及，没有一点过分的地方，也没有一点没到位的地方；"行一不义、杀一无罪，而得天下，仁者不为也。"不管多大诱惑，结果如何，如果需要对人不义，那也不可干。这就需要对我们修身做学问的判断标准做出抉择：是"得"与

"失"，还是"善"与"恶"。要始终坚持"善"与"恶"这个天之实理的标准来评判事物，抱着无私去做事，全身心投入当前我们该做的事情中去，聚精会神，精益求精；愚直地、认真地、专业地、诚实地做我们自己的事，这就是不断地在耕耘我们自己的心田，长此以往我们就能很自然地抑制自己的欲望，涵养自己的浩然之气，提升自己的人格。

这正是"慎独"的深层意义所在：识仁明善，知道一切事物，知香知臭、知美知丑、知是知非，认识超脱善恶的至善，打破一些知见障碍，认识到我们自己这个生生不息的、知善知恶的心之灵明，体悟我们心中"喜怒哀乐之未发"的"中"和"发而皆中节"的"和"，做到"明善诚身"、浩然之气充盈，形成深沉厚重的人格。

"慎独"，要求修身做学问必须遵从天之实理，按照客观规律办事，就是要实事求是。做事情坚持实事求是，是"慎独"明善诚身的应有之义。现实社会生活中，不实事求是者大有人在，且五花八门，总有一些人对外一套、对内一套，表面一套、背后一套，嘴里一套、心中一套，公开一套、私下一套，对上一套、对下一套，台上一套、台下一套，做一套、说一套等，不一而足。也确有一些人，在做某件事之前，千方百计为一个"利"字着想，只考虑能不能获取利益，想方设法假公济私、损公肥私、以权谋私，甚至为"私心""私利"而行不仁不义之事。这些都是造成社会诚信缺失、风气败坏乃至造成社会民生问题的重要原因。究其原因，都是没有能够做到"明善诚身"造成的。

在《中庸》中，孔子曾说，舜是个有大智慧的人，他喜欢向人请教问题，又善于分析别人浅近话语里的意思，隐藏人家的坏处，宣扬人家的好处。过犹不及两端的意见他都掌握，采纳适中的用于老百姓。这就是舜之所以为舜的地方。王阳明在《传习录》中讲，虞舜喜欢思考浅近的话，并且向樵夫请教，并非浅近的话应当去思考，而是舜认为当向樵夫请教，所以，他才这样做。这是舜的良知显现作用，其良知光明圆净，没有一点障碍和遮蔽,所以,他被称为"大智"。如果舜的心中沾有一点自私自利,他的"智"就会变小。这是说舜是明善诚身、实事求是的典范。

归纳起来,像舜那样做到"慎独",就要识仁明善,并诚敬存之即诚身,始终坚持"善""恶"判断标准,去私欲,廓然大公,始终按照天之实理办事;坚持实事求是,不断涵养浩然之气,形成深沉厚重的人格,遇事才能不迷失方向,心中才会安泰。

(四)

回心向道、移风易俗。这是"慎独"的第四个要义。

传说,舜在历山耕田,当地人不再争田界,互相很谦让。人们都愿意靠近他居住,三年即聚集成一个城镇。当时,部落联盟领袖帝尧年事已高,欲选继承人,四岳一致推举舜,于是,尧将自己的两个女儿娥皇、女英嫁给舜,让9名男子侍奉于舜的左右,以观其德;又让舜职掌五典、管理百官、负责迎宾礼仪,以观其能。皆治,乃命舜摄行政务。

尧把帝位禅让给舜,28年后去世。舜选贤任能,举用先帝后人"八恺"(《史记》:昔高阳氏有才子八人,世得其利,谓之"八恺")、"八元"(高辛氏有才子八人,世谓之"八元",世得其利。高辛氏是上古传说中在颛顼之后,担任部落联盟首领的"帝喾",是黄帝的曾孙)等治理民事,放逐"四凶"(结合民族学理论推测,"四凶"的本貌应是四个部落的酋长,他们不服舜帝统治,就被舜帝流放),任命禹治水,完成了尧未完成的盛业。传说他巡狩四方,整顿礼制,减轻刑罚,统一度量衡。要求人民行厚德,远佞人,孝敬父母,和睦邻里。在其治理下,政教大行,八方宾服,四海咸颂舜功。传舜去世于南巡途中苍梧之野,葬于江南九嶷山(今湖南省永州市宁远县)。

汉代贾谊在《治安策》中讲道:"夫移风易俗,使天下回心而乡道,类非俗吏之所能为也，俗吏之所务，在于刀笔筐箧，而不知大体。""回心乡道"，"回心"就是去恶而从善、舍非而从是；"乡道"，就是"向道"，向着天之实理来做事。"移风易俗"，就是改变不良的风俗习惯，使社会向着敦本尚实演进。用移风易俗的方法，使天下人痛改前非按正道行事，绝不是庸俗的官吏可以做到的。这里贾谊提出一个十分重要但也许还没有被世人特别关注的问题。天下很多人"摸着石头过河"，懵懵懂懂、茫茫荡荡，一生忙碌，不知所终。的确是这样的，一些庸俗的官吏只会做一些文书工作，其敝是"无恻隐之实"，根本就不懂治国的大体。然而，教化世俗靠的是美好的道德，而语言文字不是用来教化的根本，此所谓"化俗以德，而言非其本"。

"慎独"，立诚正心、明善诚身，这样处世为人，就像水有了本源、种树有了根芽，便可生生不息，生意无穷了，就有了成就一番事业的"大本"。"为政在人，取人以身，修身以道，修道以仁"等都需要我们在"慎独"上下功夫。

孟子讲道："夫道若大路然，岂难知哉？人病不由耳。"道德就像是宽阔的大路一样，是不难明白的，人们的毛病在于不去遵循罢了。有一些空谈阔论的人，正由于不能在万事万物中省察人心，不能立诚正心、明善诚身，不能下"反身而诚"的功夫，因此，才经常会肆意放纵以至于抛弃人间的伦理，他们是不可能治理好政事的。这一点是修身做学问必须详细分辨的。

"诚身"的极限就是"至诚"；"诚意"的极限就是"至善"。至诚、至善，都是需要下"慎独"功夫的。所以说，培养人的至诚、至善的"德行"就必须在"慎独"上下功夫。这个功夫，需要我们在纷繁复杂的事务中日日事事用心体悟，在内心上下功夫。只要功夫到了，最终就能行"达道"、立"大本"。也就是说，如果做到"慎独"了，就可以推广天地万物一体即天人合一的学说来教化天下，让每个人都能克制私心，去除物欲蒙蔽，恢复人们原本应该至诚至善的本心，这样才能真正担负起回心向道、移风易俗的齐家、治国、平天下的重任。

只有"慎独"，才能成就回心向道、移风易俗的事业。因为"慎独"，立诚正心、明善诚身，有"本源"、有"宗旨"，去私欲、存天理，去小我、存大我，摒弃急功近利、心存高远，静而自正、游刃有余。这样就会难事遇之而皆易，巨事遇之而皆细，或先忤而后合，或似逆而实顺。这便是"上智无心而合，非千虑所臻也""集义而生"的道理。换句话说，只有真诚的人才能参悟到事物的自然发展规律，所坚持的道自然也符合天之实理，正因为参悟了自然大道，人自然能够成就自己；真诚的人不以成就自己为己任，所以，才能获得成就万物的本领，也才能拥有成就万物的资格。修身做学问，体悟发现天道、天理、"道心惟微"的真谛，证悟智慧，也就有了坚实的基础和前提条件。

现在有不少学士、硕士、博士，只重视外在的知识和学问而忽略了内在本心的道德修养，知识虽广博却遗漏了最关键的"德行"修养，造成一些人为得到一时的好处去欺天罔人，去追逐可以获取声名利益的方法，特别是一些人被功利和技巧所迷惑，干一些违背天理、违背良心的事。没有"大本"没有"达道"，这是不可能担负起回心向道、移风易俗的使命责任的。

归纳起来说，像舜那样做到"慎独"，是回心向道、移风易俗的真功夫，修之以诚，行之以明，乃是修身做学问所追求的真正目标。我们修身做学问，体悟发现天道、天理、"道心惟微"的真谛，证悟智慧，就必须下足"慎独"的功夫。只有真正做到"慎独"，识得"大本"、行得"达道"，做事情才能有着落，调和矛盾，处理问题，也会像船有了舵，永远不会迷失方向；像渔网有了纲，纲举目张。这正是《中庸》中所讲的："致中和，天地位焉，万物育焉。"这样才能真正担负起回心向道、移风易俗的使命责任。现在强调"德才兼备，以德为先"的人才观，但强调的多，教化实行还相差甚远，"德行"往往只停留在表面，而没有真正入脑入心，没有能够直达心底，成为自觉。没有"本源"，丢掉了"大本"，必然流于空谈，空谈误国；有了"本源"，立了"大本"，就可行"达道"，全力以赴去实干，实干兴邦。

<h1 style="text-align:center">（五）</h1>

人情事变给了"慎独""致中和"磨砺的大好机会，而且它能让你真切体会到事变中持守"惟精惟一，允执厥中""致中和"的心体境界和不迎不拒的伟力。只有做到慎独，才能不偏离"致中和"。常守戒惧之念，这才是天理不息的关键所在，所谓"维天之命，于穆不已"，是修身做学问、体悟发现天道、天理、"道心惟微"的真谛，证悟智慧的命门，戒惧之念一息，修身做学问的功业便不可能实现了。如果不高度重视"慎独"这一功夫的修持，不管你如何下功夫，都不可能修成"正果"。

要知道，"事变是慎独者的密友"！它时刻提示我们保持警醒，并且给我们修身做学问者以鼓励和希望。我们的一言一行，起心动念都会产生相应的后果，不管做什么，哪怕是最微小、最隐秘的行为也有后果，都可能使我们修身做学问的功业前功尽弃。如果能够真正自觉地把注意力放到"慎独"上，真正的身心转变就会在这时出现，我们也会因为放松心情而第一次尝到自由的滋味。

事变意味着凡事都有改变的可能，只要我们能够顺从自然大道、天之实理而戒慎于独处之中，就可以做到致中和，致中和并不是说你在人生事变中就一定安全或可以安然度过事变。但它可以使你无惧面对人生中的一切冲突和挑战，不再寻找世俗工巧，除了切实地慎独、致中和，决不再企图另寻出路。

人情事变，的确是我们修身做学问，体悟发现天道、天理、"道心惟微"的真谛，证悟智慧的契机，关键看你以怎样的心去面对。慎独最重要的是诚意，也就是对"惟精惟一、允执厥中"的真心认同，坚定地依靠良知良能来思考决策行事，坚定地依靠圣贤智慧来护持和引导自己无惧地面对一切。接受人情事变，刚开始是一件十分痛苦的事，因为从你有识以来一直习惯于逃避它；做到慎独是一件相当困难的事，因为它意味着在任何情况下你都要从诚意正身出发。当你遇到事变时，可能会变得焦虑尖刻、迁怒自责，甚至吵闹着跟周围人闹翻，可以不理性而只沉浸在情绪的发泄之中，可有所愤怒，人就不能中正，就会失去廓然大公的心体。修身做学问，需要你始终保持慎独、致中和，要求我们心情放松下来，寂然不动、物来顺应，对于愤怒、恐惧、好乐、忧患等情绪，只能顺其自然，不过分在意，这样我们就可以去体悟一切思想行为、一切喜怒哀乐愁背后的那个东西，这便是修身做学问所追求的理想目标。

请看：

蝶兰颂

家有蝶兰，于阳台兮。

深红幽香，人皆爱兮。

筋藤接接，花缭绕兮。

蝶姿蹁蹁，玉嫩嫩兮。

纷纷翻翻，文章粲兮。

悠悠婵约，更壹志兮。

遥遥于庭，光灿灿兮。

秉德无私，计专专兮。

亭亭玉立，彬彬有礼兮。

绿叶华荣，纷其可喜兮。

温度不及，恃而不发兮。

有温有度，发而中节兮。

烈日炎炎，发而蹇蹇兮。

明光上下，旁作穆穆兮。

谦抑自慎，终不失过兮。

接续生发，岂不可喜兮。

重仁袭义，君子所盛兮。

愿刻著志，与长友兮。

淑离不淫，犹自适兮。

申旦达夕，奋不辍兮。

行比周公，置以为像兮。

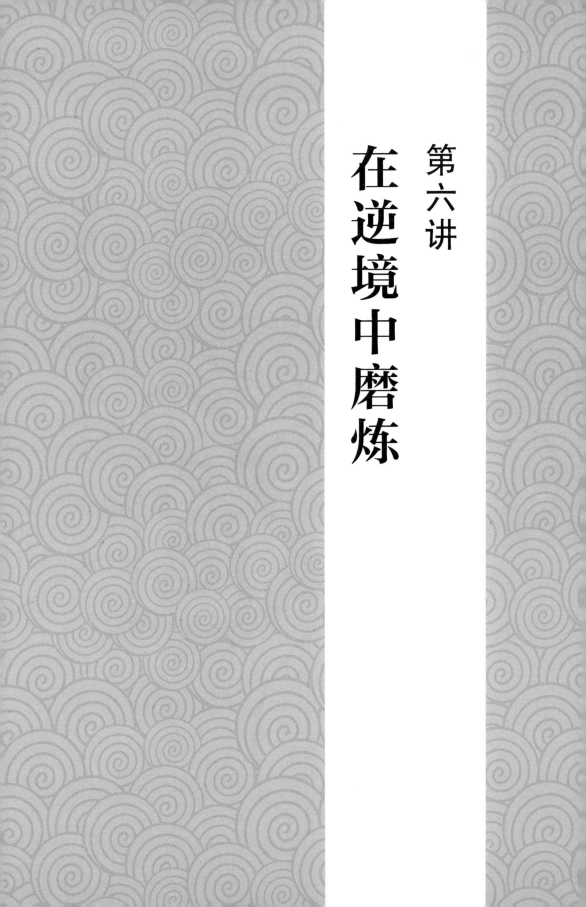

第六讲

在逆境中磨炼

願力無盡心堅路遠

围绕大禹谟十六字心传，去掉私心杂念，发大愿、立大志，在行动中践行，自觉做到知行合一，这样就能使我们的思想、行为与圣人形成生命与能量的超时空链接（时空穿越），我们的心灵就能得到全面滋养。遇有人情事变，由于我们的心灵澄明，心地坦然，又有圣人加持，就会所向披靡、游刃有余。我们也才能真正体悟致中和、心神安泰的真谛。

（一）

中国传统文化提出人一生要解决三个问题：其一，人与自然的关系；其二，人与人的关系，即社会关系；其三，人自身内部情感冲突与平衡。其中，人与人之间的关系问题最复杂、最难以把控。正如庄子所说："人心险于山川，难于知天。"（《庄子·列御寇》）而人与人之间的关系中，人生冲突和挑战不可不察。这是发生在我朋友身上的真实的故事。2020年，他受到单位一同事匪夷所思的诬陷诽谤，并且这个同事还得到他们单位领导的支持，单位的这位领导和这个同事采取各种手段对他进行"打压"和"凌暴"。他说，在别人看来，这是他一生中最为跌宕起伏、惊心动魄的一年，也是他"遭遇不幸"的一年。但在他本人看来，就像先秦宋玉在《九辩》中所表达的："谅无怨于天下兮，心焉取此怵惕？"因为他没有辜负组织和领导的期望，更没有做任何的亏心事、私心事、龌龊事，他何必忧心呢？所以，他自然不会恐慌。他说，在工作中自己做到了"正其义而不谋其利，明其道而不计其功"，所以，当各种各样匪夷所思的诬陷诽谤、"打压"、"凌暴"来临的时候，他始终心底坦荡荡，一切如常，甚至做到了与其他旁观者并无二致。更重要的是，他下足了功夫修身做学问。后来，他对我讲，两年多了，事情早已过去，现在再来看当时这件事及其后来的演变过程，他真心感受到了"君子有终身之忧，无一朝之患"（《孟子·离娄章句下》）的真理光芒。孟子这句话是说，君子以终身的高度去看问题，去思考未来百年内的忧患，眼前的问题，其实都不是问题，都是小问题，不要为一朝一夕之事惴惴不安、患得患失。通过这件事后，他有很多的切身感受和体会。很多事情往往就是这样，没有经历就没有体会。

俗话说："天有不测风云，人有旦夕祸福。"人的祸福像天气一样变化无常，难以预料。人除了要应对所赖以生存的自然环境及其变化所构成的威胁和挑战外，还要应对人与人之间各种各样的千奇百怪的冲突。人心不如水，凭空起波澜。中国哲学史上争论最多的问题是性善、性恶。关于性善、性恶，儒家分为两派，荀子认为"人之初，性本恶"；孟子认为性善，"恻隐之心，人皆有之"。其实，"食色，性也"，性即本能，无善、恶之分。生存、温饱、发展均是人的本能，但人人都要生存、发展，都想升官、发财，那就必然有冲突。岁月不居，时节如流。人短暂的一生中，充满着冲突和挑战。锐始者必图其终，成功者先计于始。伟大的事业从来不是一帆风顺的，人生路上注定鲜花与荆棘相伴，机遇与挑战共生。正因为如此，当人生遇到冲突和挑战的时候，不要惊慌失措，也不要怨天尤人，更不要过于自责。

你对冲突和挑战的态度，决定了你的人生发展方向和最终的结局。北京师范大学心理学院郑日昌教授讲，要懂得辩证认知。一是要懂得相对论，不好中有好；二是要懂得全面论，这方面不好，那方面好；三是要懂得发展论，现在不好，将来好；四是要懂得平衡论，凡事有度才算好。毛泽东曾指出："我们之间，进行批评帮助都是好意，就是明明知道某些批评是恶意也要听下去，不要紧嘛！人就是要压的，像榨油一样，你不压，是出不了油的。人没有压力是不会进步的。"1918年，毛泽东在阅读德国哲学家泡尔生的《伦理学原理》时批注："吾人览史时，恒赞叹战国之时，刘项相争之时，汉武与匈奴竞争之时，三国竞争之时，事态百变，人才辈出，令人喜读。"冲突和挑战发生时，正是考察你的能力和心志的时候。人在冲突和挑战中的表现，不仅彰显并检验你的能力，还能判断你的心志到底有多强大。冲突愈烈、挑战愈大。在我看来，升官得势自然是机遇，失势谪居也是机遇。正像清代政治家林则徐在《赴戍登程口占示家人二首》中所言："谪居正是君恩厚，养拙刚于戍卒宜。"入仕自然是机遇，野隐也是机遇，中国古代著名的隐士如许由、巢父、伯夷、叔齐、鬼谷子、商山四皓、严光、竹林七贤、陶渊明等，都光耀千秋、世传永远。"伊尹勤于鼎俎""太公困于鼓刀""百里自鬻""甯子饭牛"也是机遇，那是因为在他们没有被明君际遇时，顺势而为，蓄势待发，绝不自弃于世。俗话说："塞翁失马，焉知非福。"正因为如此，当冲突与挑战来临的时候，要正视它，勇于面对它，不仅要依法依规、科学合理地解决它，而且要增强机遇意识和风险意识。真正把冲突与挑战当作修身做学问的机缘，善于在危机中育新机、于变局中开新局。

英雄造时势，时势造英雄。人生无时无刻没有冲突和挑战，只是能否意识到，能否抓住并利用好。特别是身处逆境者，你的心志决定了你的人生成败。老子对孔子讲道："名爵者，公器也，不可久居；无用，安知不是大用，弱则生，柔则存。天下莫弱于水，而攻坚者莫之能胜。上善若水啊！"北宋时期著名政治家范仲淹讲过，有怨有憾，亦不改变心志。这大约便是仁君与昏君、君子与小人的差别了。毛泽东在《水调歌头·游泳》中有一名句，"不管风吹浪打，胜似闲庭信步"。陈独秀在四川江津的陋室中曾写下这样一副对联："行无愧怍心常坦，身处艰难气若虹。"众所周知，司马迁讲过，西伯姬昌披拘禁而演绎《周易》；孔子受困厄而作《春秋》；屈原被放逐才写了《离骚》；左丘明失去视力才有《国语》；孙膑被截去膝盖骨才撰写出《孙膑兵法》；吕不韦被贬谪蜀地，后世才流传《吕氏春秋》；韩非被囚禁在秦国写出《说难》《孤愤》；《诗》三百篇也基本上是一些圣贤发愤时而写作的。司马迁讲的这些事情，除左丘明失去视力一例以外，都是当时上级领导者对他们做了错误处理的，他们的感情有压抑郁结不解之处，不能施展自己的才华和理想，才著书立说，记述过往，使将来的人了解自己的志向，这不失为人生道路的一种智慧选择。自古以来，芸芸众生塞天地，达官贵人、高官厚禄者不计其数，然而历史上记得住的、值得称颂的人又有多少？正所谓"有的人活着，他已经死了；有的人死了，他还活着"。司马迁说："人固有一死，或重于泰山，或轻于鸿毛，用之所趋异也。"只有明智的人才能始终做到专一于"道"，端正意志，做到美色不能使之迷惑，事务不能使之疲惫，经世事不能使之失算。由此看来，人受点打击，遇到点困难，也不是什么了不起的，关键在你的心志有多强大，能否做真君子，保持战略定力，心志永不变，实事求是，等闲视之，愈挫愈奋。如果能够把冲突和挑战、逆境和厄运当作修身做学问的最佳机缘，从而更加精进，像毛泽东在《心之力》中讲道："大凡英雄豪杰之行其自己也，发其动力，奋发踔厉，摧陷廓清，一往无前。"如此，人生就一定能够绽放异彩。

要"允执厥中"，守住底线。首先，身处逆境要学会持中处置，不因喜恶而偏激。要用"雷霆雨露，皆是天恩"的博大胸襟，泰然处之。《论语》中记载，子曰："《诗》三百，一言以蔽之，曰：'思无邪'。"只要心思像《诗》三百那样，情思深深而没有邪念，尽可大美大善于天下。孔子讲，如果人不能改变世界，那么就应当改变自己的内心。"朝闻道，夕死可矣。""求仁得仁，有何怨？"庄子讲，知其无可奈何而安之若素，德之至也。《命运论》中讲道："天动星回，而长极犹居其所；玑旋轮转，而衡轴犹执其中。既明且哲，以保其身。"知道世事艰难无常，无可奈何却又能安于处境、顺应自然，始终保持内心的强大。既要守牢底线，又不偏激；既要顺势而为，又能"允执厥中"。这是道德修养的最高境界，是人生至理，只要能心如磐石，始终如一，就一定能度过勃郁烦冤之风，赢得绚焕灿烂之境。其次，身处逆境要学会持中处置，不因胆怯而受戕。常言道："身正不怕影子斜，脚正不怕鞋子歪。"只要为人做事走得正、行得端，就没有什么可怕的，君子俯仰于天地，无愧于心，哪里用惧怕冲突与挑战？《命运论》中还讲道："木秀于林，风必摧之；堆出于岸，流必湍之；行高于人，众必非之。"遇到这种情况，关键是看你能否做到心志永不变，所谓"其身可抑，而道不可屈；其位可排，而名不可夺。譬如水也，通之斯为川焉，塞之斯为渊焉；升之于云则雨施，沉之于地则土润；体清以洗物，不乱于浊；受浊以济物，不伤于清。是以圣人处穷达如一也"。人生中遇到冲突与挑战，守牢底线是大端，要敢于斗争、善于斗争，切不可胆怯生畏，要做到"道不可屈""名不可夺"，为川、为渊、施雨、润土，处穷达如一。身处逆境就要学会持中处置，就是"允执厥中"，抱定只要有一颗赤子之心，一颗天下为公之心，一颗"不以物喜，不以己悲""先天下之忧而忧，后天下之乐而乐"的仁义之心，就一定会在冲突与挑战的逆境中，顺利渡过难关，不断走向光明。正所谓"茝兰桂树，郁弥路只"，像一行行茝兰桂树，浓郁的香气会在路上弥漫。简言之，知其曲而守其直。事情都只在人性里体现，它的关键是要做到"致中和"，"致中和"的关键只在"慎独"。这一点在前面已有较详细的论述。

　　要勇于在逆境中锤炼。红军长征就是在挫折与失败中寻找重生希望的历史，是一段荡气回肠的逆境突围史。第五次反"围剿"失败，红军开始长征。国民党反动派在红军长征的必经之路上设置了四道封锁线。湘江战役可以称为长征过程中最壮烈、最关键的一战，红军由长征出发时的 8.6 万人，锐减到 3 万余人。遵义会议重新确立了毛泽东在党内的领导地位，这才有了四渡赤水、南渡乌江、抢渡金沙江、飞夺泸定桥、爬雪山过草地，实现了红一方面军与红四方面军在四川懋功胜利会师。这时又发生了红四方面军领导人张国焘反对中央北上的决定，他要另立中央。最后，党中央率领红一方面军一、三军团单独北上，攻破天险腊子口，翻越后，终于在 1935 年 10 月到达陕北吴起镇。《剑桥中华民国史（1912—1949 年）》对长征有这样一段评价："这次史诗般的逃亡跋涉了约六千英里，在两年的时间里，越过了十几座绵亘的大山、几十条河流。历史上几乎找不出可与其相比的意志战胜命运的其他事例，也再找不出一个更好的如此坚忍不拔而又仓促决定的军事行动的例子。这就是奇迹，长征胜利的奇迹。"毛泽东曾讲："我还发现，人这一生经多大难，办多大事。"冲突和挑战会让你真正认清自己的抗压强度到底有多大，认清自己的优势和弱点是什么；更重要的是，经历了冲突和挑战之后，自我认知也会发生根本性变化。你会发现你可以走以前根本不敢走的路，做以前你根本不敢做的事，下以前你根本不敢下的决心，取得以前你根本不可能取得的成就。一定要知道，这就是人生的"奇点"——传统的空间和时间在该处完结。更多地关注生命、专注当下，潜心修身做学问，伴随着发自内心深处的宁静、平和与喜悦，慢慢地，你会发现并坚信，人有多大的压力，就能办多大的事。

要体悟逆境自有灵犀。有时候，人没有经历就没有体会，没有体会就没有坚持，没有坚持就不可能达到"人生的彼岸"。《菜根谭》中讲，草木才零落，便露萌颖于根底。正因为如此，逆境自有灵犀。首先，要善于体悟，洞悉冲突和挑战或逆境的本质，也就是要体悟事件的根本性质，即事件自身组成要素之间相对稳定的内在联系，坚持守正为要。特别要注意的是，由于事件本质自身中的矛盾，本质有时以假象的形式表现出来。其次，要善于体悟，找准事物发展的正确方向，保持"深固难徙，更壹志兮"的节操和志向，秉德无私、堂堂正正而参天地。最后，要善于体悟，积极推进事物发展，坚定信心，"张公两龙剑，神物合有时"，古之名剑——干将和莫邪总有可以相合的时候，那时自然就会天下无敌。

请看：

驭风长歌吟

意密恰风起，扶摇今征新。九天二曲相迎，邀我视列星。但见武神湛湛，又有文贤丰丰，众灵历临临。与天地相参，与日月相应。

追光阴，逐遗风，参古今。方论得失明著，立名有鬯鉴。尽心慈润天道，竭力德化昆仑，大贤虎变新。持操岂独古，驭风长歌吟。

恰风，这里特指天时、地利、人和之风，即新的机遇之意。

曲君，指北斗七星之文曲星和武曲星。

訔訔（qín yín），指高锐貌。这里指立名需要有所依凭。

（二）

人心不如水，无风起波澜。人与人之间的关系问题最复杂、最难以把控。我的那位朋友受到他们单位一位同事匪夷所思的诬陷诽谤，"诬陷诽谤"这件事，还得到他们单位一位领导的支持。他说，虽然自己受到他们各种各样的"打压"和"凌暴"，但他没有受到任何伤害，因为他真的没有做一点亏心事，不仅没有辜负组织和领导的期望，反而工作成绩突出，公道正派，与人为善。俗话说，心底无私天地宽。每当此时，我便想起老话："天地有正气，杂然赋流形。""白露无以戒，严霜也无申。"对于纯属编造、子虚乌有的诬陷诽谤，以及由此引起的矛盾冲突，他根本没有把它当回事，超然于事外。人若的确清白，就像戈壁沙漠，没有寸草，白露、严霜这样的天威对他也无可奈何。正是由于自身坦荡荡，所以，不管对方动用怎样的淫威，对他却始终没有什么可"申戒"的，当然，他也没有什么可伤神的。他说，时间能证明一切，所以，他采取"退避三舍"之法，完全把自己当作旁观者，站在一旁"观戏"，任由他们"折腾"。他还讲，他的那位同事和单位的那位领导天天焦头烂额、加班加点，研究各种应对这场矛盾和冲突的方案，而他却不管不问，照常上班、吃饭、睡觉、锻炼身体，一切如常，毫无影响，真正做到了"不管风吹浪打，胜似闲庭信步"。我突然意识到，当遇到人生大的波澜时，如何应对是很值得研究思考的问题，也许这正是所谓的修身做学问的最佳机缘。其中的"退避三舍""画地为牢"与"请君入瓮"不可不知。

"退避三舍"，典出《左传·僖公二十三年》："晋楚治兵，遇于中原，其辟君三舍。"毛泽东在《在中国共产党第七次全国代表大会上的口头政治报告》中说，"我和国民党的联络参谋也这样讲过，我说我们的方针：第一条，就是老子的哲学，叫作'不为天下先'，就是说不打第一枪；第二条，就是《左传》上讲的'退避三舍'。你来，我们就向后转开步走。第一舍是三十里，三舍是九十里，不过这也不一定，要看地方大小。我们讲退避三舍，就是你来了，我们让一下的意思。"《在中国共产党第七次代表大会的结论》中，毛泽东在谈到国内形势时说，"出了斯科比（英国人，1943—1944年任中东英军总参谋长，1944年起负责准备和指挥英军武装干涉希腊，镇压希腊民族解放运动，战后于1946年回国）中国变成希腊。这种情况我们要用各种方法来避免，如果发生了，我们的原则是三条：第一条不打第一枪，《老子》上讲'不为天下先'，我们不先发制人，而是后发制人。第二条'退避三舍'，一舍三十里，三舍九十里，这是《左传》上讲晋文公在晋楚城濮之战中的事，我们也要采取这样的政策。第三条'礼尚往来'，这是《礼记》上讲的，礼是讲究往来的，'来而不往非礼也，往而不来亦非礼也'，你来到我这里，我不到你那里去，就没有礼节，我们也要到你们那里去"。"退避三舍"，既是战略策略，也是战役战术战法。从战略策略上考量，由于政治、经济、军事、外交、自然地理等方面的因素，决定了"退避三舍"是积极的，不是消极的，它是以退为进，绝不是消极避战，更不是逃跑；从战役战术战法上考量，"退避三舍"，这是"老子主义"，是"晋文公主义"，是"孔夫子主义"中的一个环节。因此，常可大胆使用，易于形成主动，收到出其不意的效果。吴亮平在《永远铭记毛主席关于战斗的唯物主义的教导》（《红旗》杂志，1979年第1期）中讲，从八七会议开始，毛泽东是将马克思主义基本原理与中国革命的具体实践相统一的开拓者、实践者、推动者。在一段时间内，特别是"左"倾教条主义者在中央占统治地位的时候，毛泽东的理论和实践还不为党的中央领导机关所了解和认识，只有在经过第五次反"围剿"失利和长征初期的挫折后，以毛泽东为代表的将马克思主义基本原理与中国革命的具体实践相统一的思想才为中央领导机关所接受。延安整风运动

以前，长期在中共中央机关工作的吴亮平曾经和毛泽东讨论过同"左"倾教
条主义和宗派主义错误作斗争的问题。吴亮平回忆说，在延安时，我问毛主
席反对"左"倾机会主义的斗争能否早些进行呢？毛主席说：怕不能，因为
事物有一个发展的过程，错误有一个暴露的过程。如果早一两年，譬如说，
第五次反"围剿"初期，虽然我们已经看出了教条主义的错误，但是他们还
能迷惑不少干部和群众。如果那时进行反对"左"倾机会主义的斗争，那么
党内会发生分裂。首先必须照顾革命大局。只有经过第五次反"围剿"战争
和长征第一阶段的严重损失的反面教育，绝大多数干部的认识提高了，认
识一致了，在这样的条件下，遵义会议才能瓜熟蒂落、水到渠成。1958 年
6 月，毛泽东在读《汉书·赵充国传》时讲，真理要人接受，总要有一个过
程。无论在过去历史上，或现在都是如此。由此看来，我的那位受到诬陷诽
谤的老朋友堪称战略家了。

　　我朋友的那位同事和单位的那位领导绞尽脑汁折腾这件事，其中最不可
思议的是，他们给他设各种各样的"局"，根据他在"局"中的位置和表现，
来分析判断预测他们之间矛盾冲突的走向和胜算。我的那位同事讲，他心如
明镜。他说自己根本就不是"卦"阵中人，怕什么。随他的便，自由出入，
"局"对他来说，形同虚设。我曾经对他说："这是你自己想多了，怎么可能
出现这种事？"但他坚持讲这是真的。我始终半信半疑。但我想，如果我的
那位朋友根本就不是"局"中人，那他们摆"局"的结果一定是"自摆乌
龙"。后来，听我那位朋友讲，的确他们难以收场。单位的其他领导和同事
都讲那是一个典型的"冤假错案"，对他的污蔑诽谤完全是子虚乌有，果真
是"自摆乌龙"。不管怎么说，人与人之间难免会发生矛盾和冲突。但正是
他讲的故事，使我想到"画地为牢"一词。司马迁在《报任安书》中讲道：
"猛虎在深山，百兽震恐，及在槛阱之中，摇尾而求食，积威约之渐也。故
士有画地为牢，势可不入；削木为吏，议不可对，定计于鲜也。"的确，老
虎在深山中是百兽之王，所有的动物看到它都会害怕，但等到老虎落入陷阱

被捉住、圈在栅栏之中时，就只得摇着尾巴乞求食物，这是因为人不断地使用威力和约束而逐渐使它驯服的结果。所以，冲突矛盾中的人，面对"画地为牢"的事，决不能进入、决不能就范，面对削木而成的"假狱吏"，也绝不能同他对簿公堂，而是要早有主意，事先就态度鲜明。正如毛泽东在《心之力》中讲道："为天道昭然，邪终不可胜正。古神侠稍有振作，即可灭魔除盗。切不可胆怯生畏，更不可投贼！神魔厮杀非生即死，永难消泯。故神侠终为魔盗死敌，若昏然求和必招自戕。魔盗皆以亡我为本恶，神侠当以灭魔为本义。"司马迁还说，一个人最重要的是祖先不能受污辱；其次是自身不能受侮辱，包括言语、脸色、捆绑、穿囚服、戴脚镣、杖击鞭笞、剃光头、戴枷锁、毁坏肌肤、断肢截体等，最下等的是腐刑，侮辱到了极点。正因为如此，古书上讲："刑不上大夫。"就是讲为官之人要讲节操，万万不能不加以自勉；不能落得不仅自身受辱，还辱没祖先。

如果把"清者自清、浊者自浊"和毛泽东推崇备至的"退避三舍"贯通起来，原来"画地为牢"竟然还有新解！抑或是特例。分析起来：一是当事件突发，矛盾斗争的原因、性质不明。就像我的那位朋友，刚开始他根本就是"丈二和尚，摸不着头脑"，他根本不相信自己会遭到诬陷诽谤。为了说明这个问题，先讲一则故事：晏子到晋国去，看见一个反穿皮袄、背着草料在路边休息的人，认为他是位君子，就派人问他道："你为什么落到这个地步？"那人回答："我被卖到齐国当奴隶，名叫越石父。"晏子马上解下左边的马，赎回越石父，用车子载着他同行。到了馆舍，晏子没有向越石父告辞就先进了门，越石父很生气，要求与晏子绝交。晏子派人回复说："我把你从患难中解救出来，对你还不可以吗？"越石父说："我听说，君子在不了解自己的人面前可以忍受屈辱，在了解自己的人面前就要挺起胸膛做人。因此我请求与你绝交。"晏子于是出来见他，并对自己刚才的言行表示悔过。这就是说，当事人在完全不了解事由的情况下是可以忍受屈辱的。二是坚信矛盾只有通过时间的推移才能得到调和，且当下矛盾斗争双方力量对比根本就不在一个数量级上。比如，我朋友的遭遇，"昏君"作恶，为了先弄清楚事情的"真相"，避免灭顶之灾，为了变被动为主动，作为权宜之计，"为臣"明知"画地为牢"，亦可先"入"，"入"亦不可怕，也是可行的。此乃是"退避三舍"的引申之意，这是应对矛盾冲突策略需要。《汉书·赵充国传》讲道："战不必胜，不苟接刃""先为不可胜以待敌之可胜。"《道德经》讲："将欲去之，必固举之；将欲夺之，必固予之。"在某种条件下，要想夺取和保存某种东西，必须付出一定代价，必须暂时放纵之，以等待时间，创造条件，最后战而胜之。三国时期，诸葛亮对孟获七擒七纵，最后使孟获心悦诚服，从而平定了云南曲靖一带，成为尽人皆知的千古美谈。这里的"入"只是形式上、战术上、方式方法上需要的。

综上所述，面对"画地为牢"这样的人生冲突和矛盾问题时，"势可不入"是常态，思想上必须坚定，态度上必须鲜明，是极端重要的。但也有例外，那就是在事发突然，当事者根本不知情，需要弄清楚眼前的事实真相，矛盾双方力量对比过于悬殊，且坚信问题只有随着时间的推移，才能瓜熟蒂落、不攻自破而得到解决。在这种情况下，就可以打破常规，面对"画地为牢"而自由"出""入"，不用在意对自己有什么样的影响，只有这样才能避免出现历史性悲剧，无端遭受灾难性的无法挽回的伤害。当然，这样做的前提是，在此过程中不会使自身受到过大的伤害。我有一位年轻同事，在一次讨论研究工作时讲道："不管是什么人什么事，错的对不了，对的错不了。"她很年轻，思想上有这种清醒的认识和富有原则性的素养，是非常难能可贵的。本身是清白的人，即使他不说澄清自己的话，他也是清白的；本身是坏人，即使他对一件自己做的坏事百般抵赖，他骨子里一定还是一个坏人；一个人做了一件违法的事，无论他怎样变通、如何狡辩，违法的事实也不会发生改变，而且只会是越想变通、越想狡辩，越是暴露他违法的事实，正所谓"越抹越黑"。面对外部环境的考验，有好的潜质的人自然就表现为好人，有不好的潜质的人自然就会往不好的一面发展。人或事物在一定的环境变化中，自然而然地将其本来的面目展现出来。所以，"没做亏心事，不怕鬼敲门"。在这种情况下，"画地为牢"终不可怕。一言以蔽之，就是在极为特殊的情况下，可以按照孔子《论语》中讲的"非礼勿视，非礼勿听，非礼勿言，非礼勿动"。用仁、义、礼、智、信来守成，的确是可行的。实际上这与古代舜对待他的父母和弟弟象的故事在本质上是完全一致的。老子《道德经》中讲"仁者无敌、勇者无惧、智者不惑"。程颢《答横渠先生定性书》中讲"故君子之学，莫若廓然而大公，物来而顺应"。心胸宽广，大公无私，遇到事情自然能坦然自如地应对。

当然，"廓然大公，物来顺应"，绝不是胆怯生畏、昏然求和，而是要伺机而动、因势利导，该出手时就出手。我的那位受到他们单位里的人匪夷所思的诬陷诽谤的朋友后来对我讲，时间是最能说明问题的，历史能澄清一切；对方匪夷所思的诬陷诽谤，成为他们单位里的笑谈，他们无法收场，只能每天觍着个脸、装腔作势来上班，心里有多虚伪、多惭愧，有多少罪恶感和无耻感，只有自知。旁观者也都心如明镜。苏格拉底说过，人如果违反自己的理性就不会快乐。试想一个人做一些自己深知不对的事，诬陷诽谤，中伤别人，而他们本身也深知这些行为是不对或不公平的，那他们的心中会快乐吗？肯定是不快乐的，因为他（她）深知自己是一个无德之人，所以，他们的内心只能充满着罪恶感和无耻感。据说在随后的几年里，他们一直在费尽心思、绞尽脑汁试图抹平他们由此事而造成的烂摊子。可事已如此，如泼出去的水，覆水难收。

"退避三舍""画地为牢"使我想到了"请君入瓮"。"请君入瓮"与"画地为牢"有相似之处，但其本质有所不同。"请君入瓮"原本是讲，唐朝女皇武则天，为了镇压反对她的人，任用了一批酷吏。其中周兴、来俊臣两个人最为狠毒。他们利用诬陷、控告和惨无人道的刑罚，杀害了许多正直的文武官员和平民百姓。有一次，一封告密信送到武则天手里，内容是告发周兴的，说他与人联络谋反。武则天大怒，责令来俊臣严查此事。来俊臣心想，周兴是个狡猾奸诈之徒，仅凭一封告密信，是无法让他说实话的，"可万一查不出结果，皇帝怪罪下来，我也担待不起呀"。他苦思冥想，想出了一条妙计。他准备了一桌丰盛的酒席，把周兴请到自己家里。两个人推杯换盏，你劝我喝，边喝边聊。酒过三巡，来俊臣叹口气说："兄弟我平日办案，常遇到一些犯人死不认罪，不知老兄有何办法？"周兴得意地说："这还不好办！"来俊臣立刻装出很恳切的样子说："哦，请快快指教。"周兴得意忘形，阴笑着说："你找一个大瓮，四周用炭火烤热，再让犯人进到瓮里，你想想，还有什么犯人不招供呢？"来俊臣听着，连连点头称是，随即命人抬来一口大瓮，按周兴说的那样，在四周点上炭火，然后回头对周兴说："宫里有人密告你谋反，上边命我严查。对不起，现在就请老兄自己钻进瓮里吧。"周兴一听，"扑通"一声跪倒在地，连连磕头说："我有罪，我有罪，我招供！"来俊臣本身也是一个酷吏，他非常了解周兴的办案风格和特点，知道用自己的方法未必能办好武则天交给自己的任务，所以，设了一个非常巧妙的局，让周兴自己往里钻。在这个成语故事里，来俊臣用那种"以其人之道，还治其人之身"的办法，极为巧妙地惩治了周兴。这既替善良的人们实现了"惩恶扬善"的心理愿望，同时又警示作恶多端的人小心将来落得自作自受的可悲下场。

通过这个故事可以看出，"请君入瓮"是有条件的。一是被请者要确实有罪，也就是周兴确实有与人联络谋反的事实；二是难证其罪，"周兴是个狡猾奸诈之徒，仅凭一封告密信，是无法让他说实话的"；三是需要演戏，引诱让他自己布局，然后"以其人之道，还治其人之身"。从这些条件可以看出，"请君入瓮"并非易事，是需要慎之又慎的。如果是要屈打成招、弄虚作假、故弄玄虚的话，一定是搬起石头砸自己的脚。即使不是屈打成招、弄虚作假、故弄玄虚，果真这样做了，也是世人昭昭。此所谓"挖坑"害人不可为也。为官者特别是高官切不可轻易用之，否则必将聪明反被聪明误，轻则难堪、毁誉，重则入罪入刑，更有甚者留一世骂名。就像我的那位受到他们单位里的人匪夷所思的诬陷诽谤的朋友一样，他根本就不是"卦阵"中人，你故弄玄虚有何用？只能是枉费心机。战国时期，赵国奸臣郭开，害死赵国名将廉颇和李牧，在秦赵一战中，秦国能够大获全胜，郭开可谓是"功不可没"的，最终郭开被劫杀。"指鹿为马"故事的主人公、秦始皇身边的太监赵高，颇得秦始皇宠信。秦始皇死后，他联合丞相李斯发动沙丘政变篡改遗诏，立软弱无能的胡亥为皇帝，同时还残忍地杀害了秦始皇的其他子女，最终子婴先下手为强，将赵高杀死。北宋著名的大奸臣蔡京，当时得到了宋徽宗的赏识，使其官至丞相。他想方设法讨皇帝开心，搜刮钱财，贪得无厌，搞得社会经济混乱不堪，最终被流放。在被流放的路上，没人愿意卖给他东西吃而被活活饿死。陷害忠良名将岳飞的秦桧，在宋金战争时成了俘虏，暗中投靠了金人，后来他回归南宋，深得宋高宗信任，官至宰相，他建议宋高宗带领文武百官跪迎金国使臣；怂恿宋高宗罢免大将韩世忠的兵权；在岳飞节节胜利之际，强令班师回朝，丧失了收复失地的绝佳机会，最终他在一片骂声中病死。明朝有名的奸佞之臣魏忠贤，大字不识，却靠溜须拍马平步青云，接管东厂，干涉朝政。他自称"九千岁"，大肆迫害熊廷弼等忠良之臣，大兴酷刑，剥皮、拔舌，简直令人发指，最终畏罪自尽。由此观之，天道昭昭，任性运用"请君入瓮""画地为牢"且作恶多端，一定不会有好下场，这是被历史反复证明了的。

人只要老老实实做人，清清白白做事，从来不做时俗工巧之事，就一定能够过得安心、舒心、静心。比如，《菜根谭》里的一句名言，心随境转则凡，心能转境则圣。意思是说，当面对人生矛盾冲突时，只要能用乐观的心态来代替内心的不安，那么一切艰难险阻都会转化为成就人生的宝贵财富。修身做学问成就功业的最佳机缘也许正是人生的富贵财富。

自古以来，一些官员捣鬼有术，他们不仅有"潜规则"，有时更是肆无忌惮，毫无规则，随心所欲。如老百姓所说，"和尚打伞，无法（发）无天"。鲁迅说："捣鬼有术，也有效，然而有限，所以以此成大事者，古来无有。"作为社会生活中的个体，一个人破解运用"画地为牢"和"请君入瓮"作恶的长策，是《尚书·大禹谟》"人心惟危，道心惟微，惟精惟一，允执厥中"的十六字心法。"精"，就是省察天理人欲要精纯，一点也不要间杂；"一"，就是一心不二，守其本心之正，一点也不要偏离。只要始终坚持以道心为主宰，人心听命于道心，这样，危殆的人心就能安定下来，微妙的道心就会愈加显著。如此，则无论动静、说话、做事都没有一点过头的，也没有一点不到位的，分毫不差，这就是中庸之道。始终坚持不偏不倚的"天下为公""执中致和"的守正原则，人心再危险再难安，道心再微妙再难明，只要精心体察，专心守住底线，始终坚持正确的主张，笃行不怠，就一定能安然渡过激流险滩，逢凶化吉。王阳明在《传习录》中讲："事变亦只在人情里，其要只在'致中和'，'致中和'只在'谨独'。"所有的事变都体现在人情里。关键是要在人情事变中不走极端，保持"中正平和"的心态。要努力做到中正平和，关键就在于"谨独"，即"慎独"。就算是在最隐蔽微小之处也不能忽略"慎独"这一原则，只要自己能够做到无愧于心，至诚至性，从容中道，自然而然就能做到"不勉而中，不思而得"，自然就会心胸安泰。

　　"夫非汉滨之人，不能料明珠于泥沦之蚌；非泣血之民，不能识夜光于重崖之里。"意思是，非磨难之人，不能悟大道于惟微之中。1959年4月，毛泽东在中共八届七中全会上说，舍不得砍掉头，就下不了最后的决心。岳飞不是砍了头、比干不是挖了心吗！又说，你不尖锐，无非怕丢掉选票，无非是怕开除党籍、撤职、记过、老婆离婚。砍头也只有一分钟的痛苦。毛泽东还讲："可是后来我还发现，人这一生经多大难，办多大事。"这正说明，坚持真理、坚持正义，"天下为公""允执厥中""执中致和"，即使遇到不测之事也能逢凶化吉、化险为夷，而且对于修身做学问的人来说，这正是体悟发现天道、天理、"道心惟微"的真谛，证悟智慧的最佳机缘。

（三）

人与人之间的关系问题最复杂、最难以把控。人的一生中总会遇到这样那样的矛盾和冲突；有时矛盾冲突很激烈、很尖锐，甚至要到你死我活的地步。其中，有的矛盾冲突的出现匪夷所思，它们如同晴天霹雳又仿佛是鬼使神差。我的那位朋友受到他们单位一个同事匪夷所思的诬陷诽谤，并且"诬陷诽谤"这件事还得到他们单位一位领导的支持。后来我的这位朋友对我讲，他们单位很多领导、同事对他说，那位诬陷诽谤他的同事到处说，所有的诬陷诽谤都是他们单位那位支持他的领导让讲的。言外之意，不是那位诬陷诽谤者自己的错，是支持诬陷诽谤的那位领导的错。我的那位朋友讲："坏事是自己干的，现在又到处散布是领导让讲的，好像自己没有责任，即使领导真的让你讲，那你自己在其中起了什么作用？为什么没有是非曲直的判断呢？为什么他让你干什么你就干什么呢？简直是无耻之尤！"我的那位朋友所讲的话不无道理，怎么能一下子推到领导身上而了之？可是，反过来说，那位领导为什么会支持"诬陷诽谤"这种事呢？

聪明的人乃至古代明君、圣人、贤臣都会犯错误，这是不争的事实。隋末唐初将领李君羡（593—648），洺州武安（今河北省南部，太行山东麓武安县）人，跟随秦王作战，大破敌阵，拜秦王府马军副总管。屡次破敌，颇有功勋。唐太宗李世民即位，授左卫中郎将，联合尉迟敬德击破突厥，迁左武侯中郎将，封公，驻防。李君羡历任兰州都督、左监门卫将军，贞观八年（634），跟随段志玄讨伐吐谷浑，在青海的南悬水镇大破吐谷浑军队，虏牛羊二万余头还朝。当时，太白星屡现于白昼。史官占卜认为是女皇登基预兆。民间又广传："唐朝三代之后，女主武王取代李氏据有天下。"李世民对此深恶痛绝。贞观二十二年（648），宫廷宴请诸位武官，行酒令，要求讲各自乳名。李君羡自称小名"五娘子"，李世民闻之一惊，遂掩饰笑道："你既为女子，为何如此雄健勇猛？"李君羡官职（左武卫将军）、封号（武连县公）、属县（武安县），皆有"武"字，又为"五娘子"。李世民对此甚为疑忌，遂革其禁军职。随后，李君羡外任华州刺史。华州当地民风崇尚修炼辟谷术，有个布衣名叫员道信，自称能够不进饮食，通晓佛法。李君羡非常敬慕相信他，多次与他形影相随，窃窃私语。御史借机弹劾李君羡与妖人勾结，图谋不轨。贞观二十二年（648）六月十三日，李君羡因卷入"女主武王代有天下"的谣言，定罪处斩，全家被抄没，无端冤死。

战国时宋国人、哲学家惠子（即惠施），是庄子的好友。惠施在梁国做国相，庄子去看望他。有人给惠施进谗言，说："庄子到梁国来，是想取代你做宰相。"惠施非常害怕，他派人在国都搜捕了三天三夜，没有搜到。后来，庄子前去见他，说："南方有一种鸟，它的名字叫鹓鶵，你知道它吗？那鹓鶵从南海起飞，要飞到北海去；途中，非梧桐树不栖息，非竹子所结的子不吃，非甘甜的泉水不喝。有一次正好鸱鹰拾到一只腐臭的老鼠，鹓鶵从它面前飞过，鸱鹰看到，仰头发出'喝！'的怒斥声（它担心鹓鶵会抢它那只腐臭的老鼠）。难道现在你也想用你的梁国相位来威吓我吗？"鹓鶵为古代传说中像凤凰一类的鸟，习性高洁，庄子将自己比作鹓鶵，将惠施比作鸱，把功名利禄比作腐鼠，表明自己鄙弃功名利禄的立场和志趣，指责惠施为保住官位而偏狭猜忌的心态，特别是把鸱鹰吓鹓鶵的情景刻画得惟妙惟肖，刻画出了惠施因怕丢掉相国的官职而褊狭猜忌的丑态。

事实上，历史上大的冤假错案不胜枚举。比如，汉景帝以鞅鞅而杀周亚夫，曹操以名重而杀孔融，晋文帝以卧龙而杀嵇康，晋景帝亦以名重而杀夏侯玄，宋明帝以族大而杀王彧，齐后主以谣言而杀斛律光，武后以谣言而杀裴炎，唐高宗不分青红皂白赐名将盛彦师死，唐高宗听信里通突厥谣言杀刘世让并抄没其全家，等等。以上这些案件，包括唐太宗仅凭马路谣言，"当有女武王者"，就犯忌索然无辜，莫名其妙以此谶杀大臣李君羡，"世皆以为非也"（北宋苏轼语），都是冤假错案。

在现实生活中，因个人工作竞争、上位嫉妒、经济利益、男盗女娼、贪赃枉法，进而杂以由此形成的小集团的政治、经济、生活等非法利益，而出现狼狈为奸、助纣为虐、诬陷诽谤、打击报复、无端排挤、欺上瞒下等现象；加之还有因信息不对称，形成相互间的误会、误解、误告、误判、误斗，等等。在《西游记》第九十八回中，有佛祖大弟子阿傩、伽叶向唐僧索贿，唐僧说，"这个极乐世界，也还有凶魔欺害哩"。正如诬陷诽谤我的那位朋友的人所讲，"是领导让干的""是领导让这么说的"。如果确实如此，这位领导一定是产生了疑心，听信了谗言。1936年，毛泽东在《辩证法唯物论教程》中批注："物必先腐也，然后虫生之，人必先疑也，然后谗入之。"也就是说，这位领导之所以相信谗言，必是生疑在先。为什么生疑？进而相信谗言、造成冤假错案，分析起来存在以下三种情况：一是聪明一世，懵懂一时。聪明的人一时头脑不清楚或不能明辨是非，进而听信谗言，从而造成冤假错案。二是有怨于人，心存怵惕。当一个人做事辜负了他人，他的内心就会充满愧疚和恐慌，变得风声鹤唳、草木皆兵；进而听信谗言，误打误撞，最终可能造成冤假错案的发生。三是违纪违法，怕见阳光。一旦做了见不得人的事，一旦发现有破绽，人们往往会变得焦虑不安，进而听信谗言，信奉"细节是魔鬼"（"细节是魔鬼"本义是勿以善小而不为），行霹雳手段，不管三七二十一，"宁可我负天下人，不可天下人负我"，造成冤假错案。后两种情况很多在电视大片中都有上演。正如明代理学家王阳明在回答他的学生陆澄提出的"有人夜怕鬼者，奈何"时讲，"只是平日不能集义而心有所慊，故怕。若素行合于神明，何怕之有"？（《传习录·陆澄录》）意思是，平日里不积累善心，心中有愧，才会怕鬼。如果平时的行为合乎神明，又有什么害怕的呢？

有的人通过所谓的古代帝王之术即"法""术""势"，搞陷害诽谤、拉拉打打，为所欲为，使整个势力体系服膺于己，并由此制造各种各样的冤假错案，且往往不易被人戳破，很难得到治理。中国古代官场总存在着搞团团伙伙、结党营私、拉帮结派、培植个人势力等，即朋党问题，就是很难消弭的突出问题。毛泽东在延安的一次讲话中指出，"中国历朝以来的政治路线和组织路线有两条：一条是正当的；另一条是不正当的。如果朝廷里是贤明皇帝，所谓'明君'，就会是忠臣当朝，这就是正当的，用人在贤；所谓昏君，必有奸臣当朝，这就是不正当的，用人在亲，狐群狗党，弄得一塌糊涂。宋朝徽、钦二帝，秦桧当朝，害死岳飞，弄得山河破碎"。毛泽东所用的"狐群狗党"一词直抵朋党本质属性，可谓一针见血。

中国传统社会提倡礼仪教化，重"德治"而轻"法治"。在政治生活中，见利起意或见利忘义，突破道德底线，钻制度的空子是常有之事。官员们在办差过程中，为压制甚至打击政敌，获取个人利益或集团利益的最大化，自然而然利用各种关系，结成各种利益集团，从而形成各类"朋党"。结党是常事，发生朋党之争也是常事。东汉的党锢之祸、唐代的牛李党争、宋代的元祐党案、明代的东林党案就是其中极有代表性的典型案例。这种党派门户之争，不能说全无清浊是非之分，但互相攻伐的结果，往往是敌对的双方都难免意气用事，置国家社会利益于不顾，使政局变得日益混乱，政治变得越发腐败。狐群狗党与朋党在概念上有些微差别。朋党可能还存在所谓的"清浊是非之分"。而狐群狗党，也叫狐朋狗党，则是专指一帮坏人勾结在一起，拉关系、找靠山，攀龙附凤、投机钻营，党同伐异、贪赃枉法。这是"昏君"背景下才可能存在的。因为"明君"很容易发现"狐群狗党"的"狐狸尾巴"和狗的"嫉妒心、虚荣心、复仇心"的表现，尤其是"疯狗"，丧失理智、胡乱咬人更是一见便知。现今社会中，由于法治建设日益加强，极个别地区、单位或部门各类"朋党"可能会不同程度存在，明目张胆的"狐群狗党"难以存身。

狐群狗党败坏政治生态。唐朝杜牧，因不参与朋党，得不到重用，长期出任黄州、池州等地刺史；李商隐，因受朋党牵连和排挤，一生困顿失意。

在现实生活中，"狐群狗党"结党营私、拉帮结派的表现形形色色、五花八门，群众对此深恶痛绝。在日常生活中，我们常听人言："庙小妖风大，池浅王八多。"因为"狐群狗党"，严重破坏团结，导致组织涣散，纲纪国法失尊，腐败滋生蔓延，政治生态失序，所以越是"深池大庙"，制度完善先进的组织体系架构，"狐群狗党"越难存活；越是狭隘、偏远、监督不到位的小庙浅池，"狐群狗党"越易滋生。正如习近平总书记指出："有的干部信奉拉帮结派的'圈子文化'，整天琢磨拉关系、找门路，分析某某是谁的人，某某是谁提拔的，该同谁搞搞关系、套套近乎，看看能抱上谁的大腿。"人立于社会，在他的周围会有各种各样的关系，亲戚关系、老乡关系、同学关系、师生（徒）关系、战友关系、同事关系、朋友关系、同志（道）关系等。一些人热衷于搞团团伙伙、拉帮结派，看上去是同学、老乡、战友等关系结成的"铁哥们"，实则是以利益为核心、以权力为纽带、以谋利为目的，搞权权交易、权钱交易、权色交易、利益输送、抱团腐败。由此带来的后果，首先是吏治腐败；其次是严重破坏工作学习生活秩序；再次是带动年轻人忙着选边站队；最终是严重破坏一个地区、一个单位或一个部门的政治生态，彻底带坏一个地区、一个单位或一个部门的社会风气。

一个人再聪明再仁慈，因为有情有欲，若无任何约束，终将因情生痴，因欲生贪，甚至因仁而放松了规矩礼仪。常人如此，是毁一人；一个地区、一个单位或一个部门的领导如此，是乱一个地区、一个单位或一个部门。中国传统社会历朝历代都会对前朝"朋党"问题进行辨析，深刻认识其危害，而且对当朝"朋党"问题也特别敏感，有的朝代还采取极为严厉的措施铲除朋党，如唐昭宗时，"尽杀朝之名士，或投之黄河"。但往往为了皇权永固、朝政清明的动机不错，结果却适得其反。有时朝政不仅难以因打击朋党而得到扭转，反而因按下葫芦浮起瓢的效应而更加腐烂下去；有时神经过敏，到处捕风捉影，无中生有，诬陷好人，无限上纲，甚至拿"朋党"作为整人的幌子，弄得满朝杯弓蛇影，人人自危；"昏官"一旦误入圈套，雷霆大发，打击的是一大片，其结果往往是君子道消小人道长，君子遭殃小人得志。正如宋仁宗庆历四年（1044），主张改革的范仲淹推行新政，以吕夷简、夏竦为首的保守派极力反对改革，反对新政，采取的策略就是诬蔑范仲淹和欧阳修、尹洙、余靖等人结为"朋党"。任你如何清白，只要被戴上"朋党"的帽子，就万事休矣。为此，欧阳修作《朋党论》剖白自证，予以回击。但他所提出的"君子朋"与"小人朋"、"真朋"与"伪朋"的问题，及君主"只要能斥退小人的假朋党，进用君子的真朋党，那么天下就可以安定了"的建议，实在是太难辨识、太难把握了，想象力丰富，缺乏可操作性。故历史上对《朋党论》应之者寥寥，应和者几乎没有。不管怎么说，要彻底消弭"狐群狗党"搞团团伙伙、拉帮结派绝非易事，若有官员腐败参与其中，更是难以治理，此即一个单位"上邪下难正，众枉不可矫"。因为他们会搞两面派、做两面人，表面一套、背后一套，对上一套、对下一套，对内一套、对外一套，还会采取各种各样的伪装来掩饰自己的丑恶嘴脸和罪恶勾当。《五代史·冯道传》一书中讲道："礼义廉耻，国之四维；四维不张，国乃灭亡。"清朝雍正皇帝曾讲，治国就是治吏。如果臣下个个寡廉鲜耻，贪得无厌，而国家还无法治他们，那非天下大乱不可。

历来贤德之士不偏私、不结党。他们温柔而又刚强，清虚而又充实。他们超然脱俗，好像忘记了自身的存在。他们看上去没有勇力，但却不怕恐吓、威胁，坚定果敢，不受污辱伤害；遭遇患难能够守义不失，行事高瞻远瞩而不贪图小利；视听超尘绝俗可以安定社会，德行尊重道理而耻于耍奸弄巧；胸怀宽广不诋毁他人而心志非常高远，难被外物打动而决不妄自屈节。之所以如此，理义天天滋润着他们的身心，愉悦时时在他们心中。

《伦理学原理》中讲道："暴君之所以为暴君，蔑视风俗习惯而破坏之，徒以自肆其情欲，将以专有乐利而擅握政权也。""苟有一社会焉，为奸佞都所把持，则其间正人君子，必不为人所敬爱，而转受轻蔑凌暴之待遇。"这种情况说到底是礼义廉耻——国之四维不张，这种人寡廉鲜耻、胡作非为，而且国家还很难治理他们，如唐朝宰相李林甫之流。这种人是典型的大奸似忠、大恶似善，本质上是违纪违法犯罪。一个地区、一个单位或一个部门如果出现这种情况，那一定是表面光鲜、内部混乱，人人自危、怨声载道，纲维横决、风气坏极，政治生态被彻底破坏。

单就第一种情况看，针对"聪明一世，懵懂一时"这种现象，毛泽东曾讲："'聪明一世，懵懂一时'者大有人在。""冤死一个李君羡，还有千千万万个李君羡。"这说明聪明的人一时头脑不清楚或不能明辨是非，是社会生活中不可避免的常有之态。明代理学家王阳明在《传习录·陆澄录》中讲，"故有迷之者，非鬼迷也，心自迷耳。如人好色，即是色鬼迷。好货，即是货鬼迷。怒所不当怒，是怒鬼迷。惧所不当惧，是惧鬼迷也"。意思是说，一个人有怕的心理，就是此人心术不正的表现。清朝康熙讲道："谶纬之说本不足据，如唐太宗以疑诛李君羡，既失为政之体而又无益于事，可为信谶者之戒。"这里提示人们，在处理人与人之间的关系问题上，不可轻信"谶纬之说"，不可听信谗言，更不可因疑心过重而误判，或因疑心过重而被心存不善之人利用。但是，单靠"戒"是很难完全"戒"掉的。古人讲道："专听生奸，独任成乱。"因为"专听""独任"，致以"小人日进""良佐自远"，必然会出现混乱。

战国后期，赵孝成王要拜纸上谈兵的赵括为将。赵国相国蔺相如讲道："括徒能读其父书传，不知合变也。"认为赵括不能担此重任，不能让他挂帅。赵括的父亲赵奢也早就讲过："兵，死地也，而括易言之。使赵不将括即已，若必将之，破赵军者必括也。"认为赵括不能担此重任，不能让他将兵。赵括的母亲讲道："始妾事其父，父时为将，身所奉饭饮而进食者以十数，所友者以百数；大王及宗室所赏赐者，尽以予军吏士大夫，受命之日，不问家事；今括一旦为将，东向而朝，军吏无敢仰视之者，王所赐金帛，归藏于家；而日视便利田宅可买者买之。王以为何如其父？父子异志，愿王勿遣。"认为赵括不能担此重任，反对让他挂帅将兵。当时赵国的敌人秦国也知道赵括不能担此重任，所以才使出反奸之计，故意做出畏惧赵括如猛虎的姿态，放出种种"最怕是赵括"的传言，迷惑赵国上下视听。可赵孝成王坚持要用赵括。据传，赵括赴任后轻率出击，深通谋略的史正等八名义士，向赵括进谏，赵括不听，反而扔掉谏书，把众义士轰走。当赵括率兵出击时，史正等义士又冒死拦路进谏，并斥责赵括有头无脑，要赵军或回营固守，或从他们身上踏过。赵括暴怒，拔剑尽斩义士（后人于拦路进谏处立"八义士谏赵处"石碑，改村名为"八义镇"，今属山西省长治县）。司马迁在《史记·廉颇蔺相如列传》中记载："赵括既代廉颇，悉更约束，易置军吏。秦将白起闻之，纵奇兵，佯败走，而绝其粮道，分断其军为二，士卒离心。四十余日，军饿，赵括出锐卒自搏战，秦军射杀赵括。括军败，数十万之众遂降秦，秦悉坑之。"可以说，人人皆知赵括不能将兵，唯独赵孝成王不知；人人皆知让赵括将兵，赵军必败，唯独赵孝成王不晓。反对赵括挂帅的人不少，包括"知子莫如母"的赵母和国之所倚的相国蔺相如，但赵孝成王不听。

　　"聪明一世，懵懂一时"者大有人在，像我的那位朋友遭受不白之冤的冤假错案就很难完全避免。作为当事人，如何对待和处理这样的矛盾和问题呢？毛泽东在一次谈话中评说：老实人，虽然历经磨难，只要敢于坚持，实事求是，坚持原则，敢于斗争，问题终会弄清楚，冤案终能昭雪。（《缅怀毛泽东（下）》）天授二年（691），李君羡家属向当时的皇帝武则天诉冤。武则天为了证明自己有天命，下诏追复李君羡官爵，追赠左骁卫大将军、太州刺史、武昌郡公，以礼改葬在武安县"得意里"。历史上为冤假错案平反昭雪的案例不胜枚举。"像古代人拘文王、厄孔子、放逐屈原、去掉孙膑的膝盖骨那样……人类社会的各个历史阶段，总有这样处理错误的事实"。（《在扩大的中央工作会议上的讲话》）1959年8月，毛泽东在庐山会议上讲话时强调，秦始皇、曹操，现在已恢复了名誉。纣王被骂了三千年了。好的

讲不坏，一时可以讲坏，总有一天恢复；坏的讲不好。(《毛泽东论中国历史人物》)

"人在家中坐，祸从天上来"，人生有很多意想不到的矛盾冲突灾祸，必须勇于面对。俗语说："井无压力不出油，人无压力轻飘飘。"矛盾冲突下是压力最大的时候，往往是人生感悟最多、磨砺最深也是最精彩的部分。它会使你从中发现和认识人生许多的奥秘和真谛。"生老病死、悲欢离合，幸福的、悲惨的、成功的、潦倒的，人生的种种经历，无一不在启发我们觉悟。""对这样如珍宝一般的人生，它的启示，它所创造的机会，我们常常因为忙乱而无暇去领会、利用和珍惜。"(《次第花开》)人生能办多大事，也如榨油一样，压力越大，榨出的油越多。正如，电影《美食、祈祷和恋爱》中讲："'探索物理学'，一种犹如地心引力一样控制世界的真实力量。探索物理学的法则是这样的：如果你有勇气放弃熟悉的一切，包括你的家、痛苦、陈旧的怨恨，开始一段寻真之旅，无论是内在的还是外在的，如果你真的把经历的一切看作是一种启示，如果你把一路上遇见的所有人都当成导师，最重要的是，如果你准备好去面对，原谅自己很难接受的一面，那就没有什么能阻止你找到真理。"而这种境况和作为往往是在巨大压力下达成的。正像《史记》《资治通鉴》那样的不朽著作，就是司马迁、司马光两个人在政治上不得志的境况下所著。人受点打击，遇到点困难，未尝不是好事。清代政治家林则徐在《赴戍登程口占示家人二首》中讲："谪居正是君恩厚，养拙刚于戍卒宜。"无疑是很有道理的。我的那位朋友告诉我，他除了一如既往把本职工作干好，还利用业余时间阅读了大量书籍，还出版了诗集、杂文集。我认真阅读了，颇有见地，称赞他"收潦而水清，吐气作霓虹"，是说他自从经历了那场狂风暴雨后，浊水退尽变得异常清澈，写出的文字也像读《史记》般颇具光彩。有志者事竟成，虽说这是当事者的无奈之举，是智者不愿虚度人生而另辟蹊径寻求精进，但的确可以成就更加光彩的人生。

请看：

晨鸟歌

仲夏帝都兮，恢台烟华。

莲花广源兮，意密孔嘉。

草本莽莽，百鸟萃中。

申旦仪首，纤歌独行。

羲和杳杳兮，信期而倡鸣。

隔空越林兮，厥严优奉发显荣。

仲夏帝都兮，恢台烟华。

莲花广源兮，意密孔嘉。

草本莽莽，百鸟萃中。

申旦仪乙，纤歌和鸣。

羲和朦朦兮，信期而惠声。

隔空越林兮，厥严优奉发显荣。

仲夏帝都兮，恢台烟华。

莲花广源兮，意密孔嘉。

草本莽莽，百鸟萃中。

申旦仪丙，众鸟齐鸣。

羲和苍苍兮，信期而叠叠。

隔空越林兮，厥严优奉发显荣。

仲夏帝都兮，恢台烟华。

莲花广源兮，意密孔嘉。

草本莽莽，百鸟萃中。

申旦仪丁，众鸟争鸣。

羲和沉沉兮，信期和调度。

隔空越林兮，厥严优奉发显荣。

仲夏帝都兮，恢台烟华。

莲花广源兮，意密孔嘉。

草本荥荥，百鸟苹中。

申旦仪戊，众鸟翼翼。

羲和暾暾兮，信期而靡靡。

隔空越林兮，厥严优奉发显荣。

仲夏帝都兮，恢台烟华。

莲花广源兮，意密孔嘉。

草本荥荥，百鸟苹中。

申旦仪己，众鸟雄雄。

羲和煌煌兮，信期而结言。

隔空越林兮，厥严优奉发显荣。

仲夏帝都兮，恢台烟华。

莲花广源兮，意密孔嘉。

草本荥荥，百鸟苹中。

申旦仪庚，众鸟纷纷。

羲和昭昭兮，信期而繁会。

隔空越林兮，厥严优奉发显荣。

仲夏帝都兮，恢台烟华。

莲花广源兮，意密孔嘉。

草本荥荥，百鸟苹中。

申旦仪辛，众鸟沐芳。

羲和赫戏兮，信期而容与。

隔空越林兮，厥严优奉发显荣。

仲夏帝都兮，恢台烟华。

莲花广源兮，意密孔嘉。

草本荐荐，百鸟萃中。

申旦仪尾，众鸟屯屯。

羲和远举兮，信期而鸣逝。

隔空越林兮，厥严优奉发显荣。

莲花广源，指北京市西城区莲花河畔广源小区，莲花河公园及广源小区周边花草树木繁多茂盛，各种各样的鸟儿栖息其间。

第七讲

虚心涵泳文源

不求一網打盡
但願水中自得

历史学家钱穆曾在《国史大纲》的扉页上写了这样几句话："凡读本书请先具下列诸信念：一、当信任何一国之国民，尤其是自称知识在水平线以上之国民，对其本国已往历史，应该略有所知。二、所谓对其本国已往历史略有所知者，尤必附随一种对其本国已往历史之温情与敬意。三、所谓对其本国已往历史有一种温情与敬意着，至少不会对其本国历史抱一种偏激的虚无主义。四、当信每一国家必待其国民具备上列诸条件者比较渐多，其国家乃再有向前发展之希望。"

中国传统文化信奉"立德、立功、立言"。古往今来无数仁人志士都有论及。对于中国传统文化，真正的内行可能"司空见惯浑闲事"，而我这个外行人，自从七八年前偶然的一个机会，使我对中国传统文化日益产生了浓厚的兴趣，并怀着一种淳朴无所蔽的新鲜的感觉，不断地读书学习思考，"诸子百家""诗词歌赋""四书五经""经史子集"，无不涉猎。朱熹说："未知未能而求知求能，之谓学；已知已能而行之不已，之谓习。"又说："入道之门，积德之基。"这些年来，我虚心读书学习思考，从来没有先入为主；当遇有疑难问题时，便会虚心学习思考。有些书中的章节内容，我会反复研读、反复咀嚼，细心玩味；有的内容反复比对、多方印证，"虚心涵泳文源"成为自觉；修身处世做学问始终遵奉"惟精惟一，允执厥中""极高明而道中庸""执中致和""去私欲存天理"，讲"仁义礼智信""明明德，亲民，止于至善"，等等，通过学思行的统一（知行合一），"滋润天道流行"。天长日久，对中国传统文化日益有所了解，并附带着一种鲜明浓盛之情和深深的敬意，达到"乐而忘忧"的境界。在此过程中，自己没有夹杂任何的私意于学、思、行之中，无论发生怎样的人情事变，也没有影响自己精进。

修身做学问是自己的事，不必担心别人欺骗自己，只要你自己不要欺骗自己就可以了；也不必担心别人不相信自己，只是你自己坚信"惟精惟一"就可以了；不要去考虑你怎样才能事先觉察到别人的欺诈和不诚信，只要你永远保持"允执厥中"就可以了。只要你不欺骗（本质上是不自欺）而诚信，你修身做学问就真诚，真诚则你的内心就晶莹剔透，就没有疑惑而能明澈，任何事物在你面前不能隐藏其美丑的原形；只要你诚实守信，不欺不诈，遇到不诚信马上就能觉察。事实上只要你不欺骗而诚信，在应对一切人情事变时，就会游刃有余、举重若轻，不会感到有负担！始终能保持心中安泰，这也许正是因为遵循自然大道的缘故。

虚心涵泳文源，滋润天道流行，要自求自得、身体认知、自信不疑，要虚心涵泳、沉潜其中，反复玩味和推敲，以获得其中之意味，感知其中之意蕴。只要孜孜进德修业，纵逸之事就会减少，如此光润日著，不断濡养，自然就会涣然冰释，解疑释惑，达到不思而得。

（一）

中国传统文化博大精深，源远流长。

1993 年，湖北省荆门市郭店村出土了一批楚国的竹简。据推断，这些楚国的竹简是公元前 300 年以前的。楚简中有一篇文章叫《性自命出》，文中有"道始于情"四个字。这里说的"道"是"人道"，不是"天道"，是讲人与人之间关系或者说是社会关系的原则。也就是说，人与人之间的关系是从感情开始建立的。这是孔子仁学的基本出发点。"仁"，孔子讲："爱人。"这种"爱人"思想到底有什么根据，是从什么地方来的呢?《中庸》引用孔子的话说："仁者，人也，亲亲为大。""仁"，是人自身的一种品德；"亲亲为大"，就是爱自己的亲人是最根本的出发点。仁爱的精神是人自身所具有的，而爱自己的亲人是最根本的。楚简中说："亲而笃之，爱也。爱父，其攸爱人，仁也。"爱自己的亲人，这只是"爱"，爱自己的父亲，扩而大之爱别人才叫作"仁"。"孝之放，爱天下之民"，孝的放大，你要爱天下的老百姓，不仅仅是爱自己的亲人，要爱天下之民，这就是孔子的仁学是要由"亲亲"，爱自己的亲人，推广到仁民，就是要仁爱老百姓，就是说要"推己及人"，要"老吾老以及人之老，幼吾幼以及人之幼"，才叫作"仁"。"仁"的准则："己所不欲，勿施于人""己欲立而立人，己欲达而达人""为仁由己""克己复礼为仁，一日克己复礼，天下归仁焉。为仁由己，而由人乎哉？"费孝通先生解释说："克己才能复礼，复礼是取得进入社会，成为一个社会人的必要条件，扬己与克己也许正是东西文化差别的一个关键。"

孔子讲的是人道即人与人的关系，而孟子进一步讲了人与天的关系。孟子说："尽其心者，知其性也；知其性，则知天也。"朱熹讲"仁"，"在天地则蔼然生物之心，在人则温然爱人利物之心"。"天心"就是说，自然界的要求本来是仁爱的，是生生不息的；"人心"也不能不仁，"人心"和"天心"是贯通的。儒家的这套仁学从哲学上看是一种道德的形而上学，这个形而上学不是和辩证法相对的那种形而上学，而是传统的形而上学，是讲超越的。因此，《中庸》讲："诚者，天之道也；诚之者，人之道也。"天道作为超越宇宙的运行规律，是真实无妄、本来如此的。因此，人道即人与人的关系，也应该是真实无妄、本来如此的，要自觉地按照天道的要求来做事。"仁义"，形而上是顺性命之理，形而下就是"爱人"。儒家讲"爱生于性"，而"性自命出"。因而，"爱"也是天之至理。

"仁义"是儒家的重要伦理范畴。其本意为仁爱与正义。《礼记·曲礼上》中记载："道德仁义，非礼不成。"战国时，孟子推崇此概念；汉代时，大儒董仲舒继承其说，将"仁义"作为传统道德的最高准则；宋代以后，由于理学家的阐发、推崇，"仁义"成为传统道德的别名，而且常与"道德"并称为"仁义道德"，与"礼、智、信"合称为"五常"。它是传统文化所讲的做人的起码道德准则、伦理原则，用以处理作为个体存在的人与人之间的关系。

在日常生活中，践行仁义之道其实不难。孝悌为仁之本，仁理从里面发出来，是人心生意发端处。孟子讲："仁之实，事亲是也；义之实，从兄是也；智之实，知斯二者弗去是也；礼之实，节文斯二者是也。"（《孟子·离娄章句上》）"仁"的实质就是侍奉父母；"义"的实质就是顺从兄长；"智"的实质就是懂得这两者的道理而不离弃；"礼"的实质就是调节修饰此两者。践行仁义之道，对于一个家庭来说，就是要讲究孝道、敬老尊长爱幼、维护家庭和睦，这是日常最基本的要求。但是，现在有很多独生子女，他们大都出生在 20 世纪八九十年代，他们中间有不少人对于中国传统文化的素养是不够的。2022 年春节过后，我的一位老朋友给我讲了一则真实的故事。他说，2022 年春节前一天，也就是大年三十的中午，他们姐妹兄弟五个小家庭在他老母亲家团聚，喜迎新年，这是他们家的惯例。他的老母亲已经 80 多岁了，身体健康，为大家准备了一大桌饭菜。酒过三巡后，她提议让在场的晚辈包括侄子、外甥、外甥女每人围绕"感恩"这个主题，谈谈你最感恩的人是谁？其中，一位外甥女，硕士研究生毕业，已参加工作。她讲："我感谢上苍！"另一位外甥女，本科毕业，也参加工作了，她讲："我感谢我自己！"他的侄子，年龄 30 岁，已经结婚了，他讲："我感谢我老婆！"他们几位讲完话后，他的老母亲很不高兴，愤然离开餐桌！我的这位老朋友讲，他听后也很生气，没想到他们会这样回答！他站了起来，对大家进行了批评教育，并讲了四个"感恩"：一是应该感恩生育养育我们的父母；二是应该感恩中国共产党，给我们带来今天这样美好的幸福生活；三是应该感恩这个时代，给我们每个人提供了生存发展的好机会；四是应该感恩生命中每一个帮助过我们成长进步的亲朋好友，也包括对手。这几位年轻人才恍然大悟！我们两个人在讨论这件事时，对这些受过高等教育的年轻人如此缺乏中国传统文化素养感到非常遗憾。

西汉时司马迁《报任安书》中讲："仆闻之，修身者智之府也，爱施者仁之端也，取予者义之符也，耻辱者勇之决也，立名者行之极也。士有此五者，然后可以托于世，列于君子之林矣。"意思是说，一个人要善于修身、乐善好施、懂得取舍、知道羞耻、注重品行，有这五种品德，然后就可以立足于社会，成为合格的正人君子了。中国传统文化认为，道德是人类精神的食粮，是由道从无到有的化生。人的五种品德有多种表述。在《论语·学而》中记载，"夫子温良恭俭让以得之"，是说孔子行温良恭俭让五德而成为圣人。在《孙子兵法·始计篇》中记载，"将者，智信仁勇严也"，意思是说，为将者应当备此五德。在《诗·秦风·小戎》中讲，"言念君子，温其如玉"。古谓玉有仁、义、礼、智、信五种品德，所以，人也应当有此五种品德。

现在讲传统文化中的五德，多指仁、义、礼、智、信五种品德。仁，指爱人之心，仁者爱人；和谐的人际关系，互相关心、互相帮助、相亲相爱。义，指正当、应该和适宜；个人对他人、对社会承担的责任和义务。礼，指礼仪、礼制和礼则；制度、规矩，具体行为模式。信，指言守诺、行不欺；待人处世诚实不欺、言行一致。智，知识和理性；对"仁""义""礼""信"的理解和认同；区分是非、明辨善恶的能力。知之非艰，行之惟艰。真正做到"仁、义、礼、智、信"五德，就是修身做学问的圣人功业。

（二）

《左传》中记载，春秋时鲁国大夫叔孙豹（?—前537）回答范宣子问什么是死而不朽时说："太上有立德，其次有立功，其次有立言，虽久不废，此之谓不朽。"叔孙豹提出的"三不朽"是讲，人的生命是有限的，人生的价值是可以永世的，人生价值体现在立德、立功、立言上。一个人在道德、事功、言论的任何一个方面有所建树，传之久远，他们虽死犹生，其名永远立于世人之心，就是不朽。首先，"三不朽"说，表现出中国人的一种人生观和社会价值观，即人生的意义在于对社会、对他人做出有益的事业，他所建立的德、功、言则可以永垂不朽。也就是说，一个人不应一味地为其自身而活着，而应为社会大众着想，对他人、对社会大众有责任感、使命感，有担当、有作为，其道德、功业、言论才具有社会价值，才能不为后人所忘却而得以"不朽"。其次，"三不朽"说，完全摆脱了"天"或"天命"对人生价值的影响。这也表明，到春秋时期，中国社会思想中的社会本位和伦理本位的特色已经形成。

"三不朽"作为中国人传统的人生信仰，被中国历史上的精英和众多有学识的人所信奉。元末明初政治家、文学家，明朝开国元勋刘基故里诚意伯庙庙柱上有一副楹联："五百年间气，三不朽伟人"，就是这一思想的例证。能做到死而不朽，可谓伟人。正是人生追求恒久价值这一人文历史观，从一定程度上讲，引领、塑造了中华民族几千年的文明史，也形成了中国优秀传统文化及其社会人文主体价值。中国优秀传统文化所崇尚的"三不朽"人生目标，对于激励当代人奋发有为具有重要的借鉴意义和作用。

（三）

立身处世需"极高明而道中庸"。一个人的处世能力，是追求人生"三不朽"的前提和基础。中国当代著名哲学家、教育家冯友兰自题座右铭：阐旧邦以辅新命，极高明而道中庸。他也是把"极高明而道中庸"作为终生所追求的处世原则。"阐旧邦以辅新命"句，语出《诗经·大雅·文王》："周虽旧邦，其命维新。"冯友兰曾写道："我把这两句诗简化为'旧邦新命'。这四个字，中国历史发展的新阶段足以当之。""旧邦"，指中国源远流长的文化传统；"新命"，指现代化和建设社会主义。"阐旧邦以辅新命"是作者平生志向。《中庸》中讲"极高明而道中庸"。"高明"，谓性格高亢明爽；"中庸"，不偏叫中，不变叫庸。儒家以中庸为最高的道德标准。所谓"极高明"，就是要追求哲学上的最高原则"仁"，追求哲学上的最高要求，就必须有"仁"的品德。所谓"道中庸"，就是要按照一定的规则把这种仁爱之心实现于日常生活之中。"极高明而道中庸"体现的是超越境界与现实态度的统一。"极高明"的境界并非要在多高的地位上获得，在平凡的日常生活中也可达到。"极高明而道中庸"境界高明，却立足于现实。晚清名臣左宗棠曾在无锡梅园题字："发上等愿，结中等缘，享下等福；择高处立，就平处坐，向宽处行"，实际上就是"极高明而道中庸"的人生哲学。

日常生活中怎样才能做到"极高明而道中庸"？具体说来，可从以下四个方面把握：一是中国传统文化中所讲的最高的理想"内圣外王之道""修身齐家治国平天下"，把它实践于实际生活之中，就是《中庸》所讲的"极高明而道中庸"。二是《礼记·中庸》中讲"执中致和"："喜、怒、哀、乐之未发，谓之中；发而皆中节，谓之和。中也者，天下之大本；和也者，天下之达道也。致中和，天地位焉，万物育焉。"在中国传统文化中，"中"是一种自在未发的不偏状态，是成物的本源，"和"是一种因时而发的合宜状态，"中和"是最高境界。三是《尚书·大禹谟》中讲："人心惟危，道心惟微，惟精惟一，允执厥中。"人心是危险的，道心是很难体察的，只有精心体察并专心守住，才能确保一条不偏不倚的正确路线。这是四句话十六个字圣人心传。四是曾国藩讲："物来顺应，未来不迎，当时不杂，既过不恋。"对待不同的事物，要顺其自然，按照事物的本质和发展方向办，不要怨天尤人、好高骛远，从现在做起，想方设法把当下的工作做到极致，真正做到敬事、克勤小物、躬行，且能事事俱不忽略，一旦事情过去了，就不要再去多想。学深悟透以上这些原则、方法和要求，并在社会生活实践中身体力行，即可较好地适应社会，把控好人生的大方向，协调好各方复杂的人际社会关系，最终成为圣贤之人。

（四）

中国古代文人士大夫，都有一种强烈的愿望和追求，那就是青史留名，成为"三不朽"伟人。对于大多数古代文人士大夫来说，都是把"立言"放在第一位的。因为"立德"有赖于一定的环境和社会的评判，"立功"需要一定的外部条件和机遇，而且"德"和"功"也只有凭借了"言"才能不朽。比较而言，"立言"却不太需要凭借更多的外部条件即可独自实现。

《尚书》讲"精一"，《论语》讲"博约"，《孟子》讲"尽心知性"，这些都是讲如何修身做学问的，只要功夫下到了，就能体悟发现自然大道、证悟智慧，方可"立言"。笃信圣人，当然是对的，但是智慧是不可传授的。《周易·系辞上》中讲："神而明之，存乎其人。"智慧是与神圣合为一体的，见诸语言文字的典籍，都是为了切近事理，显示出一个大致的精神，只能算作知识；准确地说，都是片面的智慧。只有自己切身体悟发现、证悟的智慧，才是真理。王阳明讲，圣人是尽心知性知天，是生知安行，是生而知之；贤人是存心养性事天，学知利行，是学而知之；学者是夭寿不二修身以俟，是困知勉行，是困而知之。但归根结底就是夭寿不二修身以俟，是困知勉行，是困而知之。因为生而知之、学而知之，都是指的困知而"知之"，后一个"知之"是指体悟发现自然大道、证悟智慧的"知之"，不可传授，只能是"困而知之"。舜帝如此，孔子如此，王阳明亦是如此。

夭寿不二修身以俟，是困知勉行，在外人眼里是"苦熬"，是无法理解的，一些"好心人"还会为他发愁、为他担忧，生怕他会惹出什么事端来，因此会无缘无故地试图安慰他；一些人还会不断地来看望他，与他说一些不咸不淡的场面上的话，想了解他的真实境况；一些人还会提出摆脱事变"困境"的想法来引导你。其实，他们都多虑了，真正拥有智慧的人，一心修身做学问的人，不管是顺境、逆境，还是事变，其内心都是一样的，只是遇有事变时，会促使其更加关注生命、更加专注当下的生活，心更诚、更专一、更加尽心于"滋润天道"罢了。对于人情事变，在常人看来，可能是天大的事，但在一心修身做学问的人那里都是可以忽略不计的。这便是舜的伟大，一切圣人的伟大！更重要的是，当你修身做学问成功的时候，当你体悟发现自然大道、证悟智慧的时候，你会发现，修身做学问、滋润天道的精进过程竟然全在其中！更是极致的幸福和快乐！

修身做学问首先要懂得发明本心。本心之性千古不变，只有你的心本体明了了，由明心而扩展到博览群书，你的修身做学问才像是有源之水且能够生生不息。正如宋代哲学家陆九龄在《鹅湖示同志》中讲："孩提知爱长知钦，古圣相传只此心。"人心悟性自足，修身做学问首要的是靠理性的直觉发明本心。发明本心就是要尊德性，而古代圣贤所传递的也只是这个心灵——尊德性，所以，借助圣贤书会更好更快地发明本心，有的人还必须借助圣贤书才能真正达到发明本心。简而言之，"学而能立，方称为学之道"。就是要以"反求诸己"，通过尊德性或"以旧见为宗""以旧见为见"，通过旧见引发来发明本心。要知道"此心此理昭然宇宙之间，诚能得其端绪"的道理。如果不能发明本心，修身做学问就没有根基，就像水无"本源"。比如，五六月间的雨水，一时也能注满沟渠，但是它很快就会干涸。这个"本源"，说到底就是要"以诚得其端绪"，通过反求诸己或旧有之见，寻得个宗旨或叫己见，这样做学问才有着落。这里说的是指修身做学问之法。再比如中医，讲阴阳之道，先树立虚实、寒热、正斜等大宗，成为己见，然后博览践履，方有归宗。

虚心涵泳文源，离不开读书思考问题。而读书也是需要方式方法的，归纳起来，主要包括以下七个方面的内容。

一是读书做学问需要铢积寸累。曾国藩、毛泽东都称赞了朱熹做学问的成就，"朱子学问，铢积寸累而得之，苟为不蓄，则终身不得矣"。

首先，铢积寸累需要坚持循序渐进。就是要根据自己的实际情况进行合情合理的选择，特别是根据知识层次和理解程度确定好自己读书做学问的"序"，由浅入深，由易入难。这个"序"必须有，且不可以颠倒。在此原则基础上，要根据自己的实际情况和能力去安排一些读书做学问的具体计划，并要坚持下去，并且执行它。

其次，铢积寸累要熟读精思。熟能生巧，读书应多读几遍，需要背诵的要下功夫背诵，而且要仔细思考体会它蕴含的意思。在此基础上，要学会独立思考。独立思考，就是用自己的思路、自己的切入点、自己的视角，结合自己的知识结构和社会实践反复"体当"，进行思考加工，从而形成新的学问，形成自家的体会认知。此所谓用心、上心、明心，心体明即道明，从而达到用之则能够发之于自家心上，这才是其真正的"才能"。如果达到这样的心体状态，知识就像有源之水，生意不穷，"与其为数顷无源之塘水，不若为数尺有源之井水。"（《传习录》）正说明了这个道理。可以说，做学问的关键在于培养独立思考的能力。否则，读过的文章即使字字珠玑，也会如耳旁风，入不了心，虽然预先读过很多书，预先讲了很多知识道理，但都与自己不相干，最终不可能达到铢积寸累的目的，到头来面临事情或问题时不能应对处理。换句话说，如果只知道在人人都懂的地方用功，而不知道在应当独立思考的领域用功，那看似在用功，实则会劳而无功，最终别人的知识会全部还给别人，书本上的知识会全部还给书本。也就是说，做学问需要在"独立思考"中体察、探究、实践、落实，实实在在用功。当然，其间分很多阶段，也包含有很多积累。简而言之，熟读乃至背诵后还必须在闲暇时反复琢磨，用心细细思索，通过"熟读精思"，形成自己的体会认知，形成一个根基，然后不断从根基上下功夫，循序渐进，渐积而前，先求充实，然后通达。说到底，就是要通过熟读精思，形成一个宗旨，这样学问才有着落，就像结网之纲，纲举目张。这里特别需要指出的是，熟读精思，要懂得"深思而慎取"。《随园诗话》中讲，"盖破其卷，取其神，非囫囵用其糟粕也……读书如吃饭，善吃者长精神，不善吃者生痰瘤"。爱因斯坦在谈到读书时有段名言："在阅读的书本中找出可以把自己引到深处的东西，把其他一切统统抛掉，也就是抛掉使头脑负担过重并将自己诱离要点的一切。"

最后，铢积寸累需要会读书。立身以立学为先，立学以读书为本。单就读书而言，面对一本书，从哪里读起，怎么读，也是一个大问题。第一，本心要明。《孟子》讲道："先立乎其大者，则其小者不可夺矣。"孔子读书，是很看重大处着眼的。他说："《诗》三百，一言以蔽之，曰：'思无邪'。"这表明读书从大处着眼是首要的。第二，认真、仔细、求深。毛泽东读书很认真、仔细，读书求深，不动笔墨不读书。认真、仔细、求深，特别是"不动笔墨不读书"也是重要的方法。另外，在苏轼看来，书像海洋一样广阔无垠，内容很丰富，而人的精力是有限的，不可能一下子全部吸收，每次读书的时候，只集中注意一个问题，围绕一个问题一遍又一遍地读。具体来说，就是每次读书，都只去了解一个领域。比如，第一遍只看政治，第二遍只看人物，第三遍只看官职。每次都带着问题去读书。这就是苏轼提出的"八面受敌"读书方法，也很值得大家学习、借鉴。

我有一位爱学习的朋友，他年复一年，日复一日，天天都在学习，看书、听课（包括网上听课）、报学习班、参加论坛。因为他无暇顾及自己的家庭生活，以至于他的家庭常因此而产生矛盾，还需要我出面帮助调解和处理矛盾。我一度非常佩服他"咬定青山不放松，立根原在破岩中。千磨万击还坚劲，任尔东西南北风"的学习毅力。但客观地讲，他的学问与他的付出远远不相匹配，究其原因，最重要的是没有发明本心、开一心源，也没有用好铢积寸累之法。一方面，本心不明，未开心源。读书做学问没有明确的"序"，今天学这科，明天学那科，今天干这个，明天干那个，目标很多，出出进进，昏昏明明，致使做学问、做事情不能精进，只能原地打转，实属一个"虚头汉"。另一方面，没有发明本心，未开心源，所学无所归宗、无所归见，所学不能与旧见互相参证、互相比较。这样就不可能做到熟读精思，不可能真正体会到"铢积寸累而得之，苟为不蓄，则终身不得矣"的道理，更不可能找到适合自己"铢积寸累""蓄"积学问的路径和方法。只能是注重"学"，而没有"积"；没有"积"，就谈不上"蓄"；没有"蓄"，那只能是"终身不得矣"。这样一来，所学只能是叠床架屋，空耗精神。孔子讲："学而不思则罔，思而不学则殆。"学与思要相辅相成，不可偏废。古人云，学不思则不精，学过思则成病。学弱则易胡思，学强则易弱思，这都会成为精神内耗。王阳明在《传习录》中讲："身之主为心，心之灵明是知，知之发动是意，意之所著为物。"意思是说，身体的主宰是心，心的灵明是认识，认识的起因是意念，意念的载体是事物。所谓学问，就是"只存得此心常见在"，就是要发明你的本心，守住你的本心，开一心源，通过不断"积""蓄"，就会"昨我非今我，旧人非今人"。这便是学思相益的结果。

二是读书做学问需要谦虚心态。读书做学问要仔细思考，深刻体会书中的意思，不能先入为主，并且要反复琢磨，细细体会，天长日久见真知。现在很多年轻人，都是学士、硕士、博士，拥有丰富的知识，也非常谦虚。但也有不少例外，他们不懂得"山外有山""天外有天"、学问无止境的道理。《警世通言》第三卷《王安石三难苏学士》中讲，苏东坡自恃聪明，他读王安石《咏菊》一诗，见"西风昨夜过园林，吹落黄花满地金"，以黄花（菊花）开于深秋，大有错误，便作诗"秋花不比春花落，说与诗人仔细吟"加以讽刺。王安石由此贬其为黄州团练副使。黄州这地方菊花落瓣，正是在深秋。苏东坡目睹此情此景，方才信服。所以，做学问要切记"为人第一谦虚好，学问茫茫无尽期"。骄傲是人生进步的大敌。

三是读书做学问需要培养兴趣。"知之者不如好之者，好之者不如乐之者"，意思是，知道学习不如爱好学习，爱好学习不如以学习为乐。所以，培养做学问的兴趣至关重要。但是培养形成做学问的兴趣很难，因为少小时贪玩，不知学问为何物；上学后，应试教育课程负担很重，把学生束缚得紧之又紧；参加工作后，工作的压力大、节奏快，把人累得喘不过气来；结婚后，上有老、下有小，生活的艰辛伴随着事业的发展追求，使人疲惫不堪。所以，在人的一生中，培养对学问的真正兴趣并非易事，对大多数人来说，这几乎是不可能实现的挑战。想要干成一件事，没有兴趣是不可能出彩的。怎样培养做学问的兴趣呢？《晋书·顾恺之传》中说："恺之每食甘蔗，恒自尾至本，人或怪之。恺之曰：'渐入佳境'。"毛泽东对此评论道：学理论的兴趣靠培养。慢慢读一点，引起兴趣。这说明，做学问的兴趣的确是可以培养的，首先需要"慢慢读一点，引起兴趣"；其次"引起兴趣"到"渐入佳境"，越来越尝到甜头；最后产生浓厚兴趣，达到手不释卷这样的人生生活状态。王阳明讲，"日间工夫觉纷扰，则静坐。觉懒看书，则且看书。是亦因病而药"。他说，如果白天做功夫觉得烦躁不安，那就学习静坐。如果觉得懒于看书，那就去看书。这也是对症下药。如果有此意识和意志力，那读书做学问的兴趣一定能够培养起来。事实上，心中有圣人之道，忧可以转化为乐，苦可以转化为甘，祸可以转化为福。这就是圣人遵循天理的缘故。因为"道"就是这样，从来就没有忧郁的时候。达到乐而忘忧的境界，就是心中有了圣人之道，读书做学问的兴趣就会被激发出来，永远不会消弭。

四是读书做学问需要珍惜光阴。读书做学问要发愤忘食，抓紧时间去读书和实践。发愤忘食，因为志向就是这样，从来就没有终止的时候。这种品行并非做作，亦非勉强而为之，更非他人强令其而为之，这是修身做学问达到"宁静、平和与喜悦"心境后的一种自觉修为。这种紧迫感和勇往直前的精神，这种超乎寻常的努力和超乎常人的功夫，常人无法想象，令人叹为观止。毛泽东曾讲，学问之成否以二十五岁为断。东晋时期名将陶侃说，"使为学而不重现在，则人寿几何，日月迈矣，果谁之愆乎！盖大禹惜阴之说也""大禹圣者，乃惜寸阴，至于众人，当惜分阴，岂可逸游荒醉，生无益于时，死无闻于后，是自弃也"。大禹是圣人，还十分珍惜时间；至于普通人则更应该珍惜分分秒秒的时间，不能够好逸游乐纵酒，活着的时候对人没有益处，死了也不被后人记起，这是自己毁灭自己。

战国时期著名辞赋家宋玉在《九辩》中讲，"岁忽忽而遒尽兮，老冉冉而愈弛"，岁月迟暮，心志衰竭，只得"春秋逴逴而日高兮，然惆怅而自悲"。孔融给曹操的书信中讲："岁月不居，时节如流，五十之年，忽焉已至。"其实，在芸芸众生中，很多人都是在不知不觉中老去。魏文帝曹丕在《典论·论文》中讲："夫然，则古人贱尺璧而重寸阴，惧乎时之过已。""日月逝于上，体貌衰于下，忽然与万物迁化，斯志士之大痛也！"古人看轻一尺的碧玉而看重一寸的光阴，惧怕时间流逝过去。太阳和月亮在天上不停地流转移动，而人的身体状貌在地下日日不停地衰老，忽然间就与万物一样变迁老死，这是有志之士痛心疾首的事。《魏略·儒宗传·董遇》中讲："（读书）应用'三余'。冬者岁之余，夜者日之余，阴雨者时之余也。"冬天是一年的空闲时间，夜里是一天中的空闲时间，下雨的日子是季候时令中的空闲时间。欧阳修有著名的"三上"读书法，即枕上、厕上和马上。此所谓"三余""三上"正读书。朱熹到南康郡（今江西省庐山市）走马上任时，当地属官们轿前迎接，他下轿就问，《南康志》带来没有？这突如其来的情况让大家措手不及，面面相觑。这就是"下轿伊始，问志书"的传说，至今广为流传。这表明朱熹对读书的极端重视，他对读书紧迫的程度如救火、如救命，一刻也不能耽搁。然而，现实中的人们总是爱把生活弄得拥挤而热闹，忙得团团转，不敢自己独处。之所以会这样，是因为人们对"慎独"太陌生。新冠疫情限制了人们日常交往、交流，人们不得不减少出行、聚会，并暂停组织活动。一旦疫情得到控制并解除限制，人们就迫不及待地开始出游，一天都不能消停，时光就这样悄悄溜走了。人们并没有意识到，这是修身做学问的良机。

五是读书做学问需要持之以恒。读书做学问，要排除杂念，专心致志，心静则诚，心诚则灵；要如同做其他大事业一样，要有恭敬、安静之心，终身不辍，就像毛泽东那样，手不释卷。做学问就是要居敬持志，持之以恒。人到最后，拼的不是运气和聪明，而是毅力。要忍受煎熬，要耐得住寂寞，坚持、坚持、再坚持，"以无我、无人、无众生、无寿者相，不畏生死的精神"，直到最后成功的那一刻。然而，能做到这一点太难了。我曾经有一位年轻同事，他从国家"双一流"大学研究生毕业，刚一入职，他表达了自己想要报考与所学专业紧密相关的资格证书的意愿，并已经购买了学习资料，计划利用一年时间，拿下这个资格证书。我听到他的这一想法时，觉得他很有上进心，明确表示支持他的想法。后来，我发现他每天都在工作之余加班看书学习。可是，不到两个月时间，他开始不断地强调工作太忙太累，根本没时间看书，有的时候我发现他长时间坐在办公室里玩手机。再后来，他竟然爱上了打游戏，我真是为他着急。慢慢地，考取资格证书的事他再也不提了。等到下一年，又到一年一度报考证书的时间了，他又提出要考一个资格证书，又准备了学习材料，又像上次那样，刚开始他既激动又兴奋，干劲十足，到最后，他又放弃努力了。就这样反反复复，一年又一年，几年过去了，毫无收获。只落得"少壮不努力，老大徒伤悲"。究其原因，主要是做学问用心不一，没有恒心。应了那句老话："无志之人常立志，有志之人立长志。"我曾经有两位年轻的女同事，一位是中国人民大学法学院的硕士研究生，一位是中央财经大学的本科生，她们利用繁忙的工作之余读书，不达目的决不罢休。经过几年努力，她们分别通过笔试、面试，一位成为最高人民法院的公务员，一位考取了高级会计师和注册会计师。还有两位年轻的男同事，一位是法学硕士，一位是法律硕士，都是法学会的事业编制干部。他们经过不懈努力，一位考取了中央纪委的公务员，一位考取了人力资源和社会保障部的公务员。

六是读书做学问需要厚积薄发。毛泽东在读《庄子·逍遥游》时感言，且夫水之积也不厚，则其负大舟也无力。覆杯水于坳堂之上，则芥为之舟。置杯焉则胶，水浅而舟大也。孟子曰："流水之为物也，不盈科不行；君子之志于道也，不成章不达。"流水不注满洼地就不往前流；君子立志研究道，知识不积累到一定程度就不通达。明代理学家王阳明讲道："立志用功，如种树然。方其根芽，犹未有干；及其有干，尚未有枝。枝而后叶，叶而后花、实。初种根时，只管栽培灌溉，勿作枝想，勿作叶想，勿作花想，勿作实想。悬想何益？但不忘栽培之功，怕没有枝叶花实？"（《传习录·陆澄录》）王阳明用种树栽培灌溉作比喻，正如孟子以流水作比喻一样，阐述了学者进德修业做学问，必须渐积而前；先求充实，然后才能通达。俗话说，能用筷子夹住苍蝇的人，做什么事都能成。2022年4月21日，中央和国家机关工会联合会在举办的中央和国家机关工会主席培训班上，请来了北京冬奥会短道速滑男子1000米金牌、混合接力金牌获得者任子威，自由式滑雪空中技巧女子项目金牌、混合团体银牌获得者徐梦桃，雪车国家集训队领队、北京冬奥会带队并创造我国雪车项目冬奥会历史最好成绩的李博雅三人举行座谈。三人都是北京冬奥会、冬残奥会先进个人。座谈会上，徐梦桃在分享她的成功经验时说："多年来，我都坚持每天必做的事首先做完，然后再去做自己想做的、喜欢做的事。"徐梦桃还说："中国有句俗语，叫作再一再二不再三，我叫再一再二再三再四。""在出发前的那一刻，我的印象特别深，广播员一直在喊：'徐梦桃！中国队！'声音特别大。在走表的时候，一吹哨，场上没有声音了，鸦雀无声。这个反差是很大的。当时我承受的压力变大。因为北京冬奥会这个在家门口参加比赛的机会是唯一性的，自己又32岁了，下次冬奥会我就36岁了，还能不能站到冬奥会赛场上？这就是箭在弦上不得不发。当时，我就想到'狭路相逢勇者胜'这句话来鼓励自己。那天的温度是零下30摄氏度，特别冷。当时的感受是：赛场上的人披两件大衣都冻得不得了！我站在赛场上那一刻，发现我的教练比我还紧张。他比我先喊了一声：'哈！'并伴随着我每次出发前所做的一个握拳、下蹲的动作。但是，虽然我心里紧张，可就在那一刻我心里没有任何的波动，而是非常沉浸式的专注。那一天，我印象特别清楚，当我看向台子的时候，心里十分自信，就感觉去年夏天的训练中积累的那些技术、调整、发挥、用力方式，这些都内化成了你的本能反应。那一刻，我的紧张度远远低于在练习时的感觉。在调整速度的过程中我非常淡定，用力蹬出去的那一刻也非常流畅。我印象最深刻的是，在我蹬出去的那一刻，我的教练为我喊'加——油！'时，声音特别大，好像在推着我前行。""我人生中所有的比赛，每一站都是巅峰对决，在我这里没有一站是简单的，从我15岁第一次参加成年组的一个世锦赛开始，一直到31岁，连续16年拿空中技巧比赛冠军，我的态度和心态就是：大赛也是小赛，小赛也是大赛。对于任何一场比赛，我的态度就是没有小赛，我都会非常认真。每一站，无论是大赛、小赛，我都会认真做笔记。哪怕是与十几岁的小孩比赛，可能就是3个对手、10个小孩，我也会非常重视，从来没有看轻过她们。冬奥会结束后，当我翻开日记的时候，眼泪不自觉地流出来，我真的是为自己的认真感到值得！所以，当时我比赛完就想哭泣：天不负我……！（北京冬奥会）那一刻的压力能够顶住，还是归功于这4年的辛苦训练，就是平昌冬奥会我总结之后，我们点点滴滴的积累，使我一下子什么都不怕了。不是你想一下子、喊一声："哈！"就什么都能干！绝对不是！"（作者根据自己的录音整理）

其实，据公开报道，在徐梦桃的运动员生涯中，经历了4次大手术，半月板（膝盖软骨）被切除2次，遭遇数次伤病。每一次她担心的是，自己不能继续训练，而不是手术带来的痛苦；感冒发烧是家常便饭，腿上打着钢钉比赛，她经历了常人难以经历的苦难，"坚持"不是说说而已；每次队友看望她的时候，她脸上总是洋溢着"桃氏笑容"，甜甜的，很鼓舞人心；在秋季零下三四摄氏度的水里一遍一遍地练习，每天各种肌肉训练，从6层楼的高度滑落、起飞、旋转，目的就是为圆一个冬奥梦。赛场上几秒钟的"飞翔"，却需要用四五年的时间来打磨。厚积薄发，这是活生生的例子。做任何事都不能急于求成。尤其做学问更是如此，需要厚积薄发。我们必须不断积累知识和经验，逐步释放出来，水到渠成，自然会取得成就。

七是读书做学问需要知行合一。俗话说："纸上得来终觉浅，绝知此事要躬行。"（《冬夜读书示子聿》）读书做学问不能一味在书本上下功夫，需要联系自己的实际来推寻深究，做到理论联系实际，也就是要下切己体察的功夫。李时珍为了完成《本草纲目》，翻山越岭、穷搜博采，阅书八百余种，用了近30年时间才完成，这是一个成功模式。1964年2月13日，毛泽东在教育工作座谈会上说，明朝李时珍长期自己下乡采药。李时珍说，茶可以益思、明目、少卧、轻身，这是实践得来的知识。有的时候，没有经历，就没有体会，没有体会就没有坚持。毛泽东早在五四运动前夕，他在湖南组织新民学会期间，不仅游学，到社会大学读书，求书本以外的知识；同时做社会调查，了解农村各种情况，而且通过访友，发现有志青年。他讲，看庙看文化，看戏看民情。不懂文化，不解民情，革命是搞不好的。毛泽东明其理、践其行，有收获、有体会，所以，他崇尚理论联系实际。明代散文家、地理学家徐霞客，靠两条腿走路，通过实地考察，找出了金沙江是长江的发源地，推翻了经书《尚书·禹贡》上讲的"岷山导江"的错误结论。能够推翻从书本到书本陈陈相因的旧说，找到了长江的真实源头，再次证实实践的伟大。这便是实践出真知。人们常讲，秀才死读书，读死书，读书死，这不行。同时，还要学会读无字书，听无弦音。《说苑·政理》中讲："夫耳闻之不如目见之，目见之不如足践之，足践之不如手辨之。"道理极为深刻。殷商时期卓越的政治家、军事家傅说（约前1335—前1246），辅佐殷商高宗武丁安邦治国，形成了历史上有名"武丁中兴"的辉煌盛世，留有"知之匪艰，行之惟艰"的名言，被尊称为"圣人"。他告诫大家，懂得道理并不难，实际做起来就难了。因此，需要自觉运用"实践、认识，再实践、再认识"这一认识论、实践论。如此做学问，既可以获得真知，也可以检验、深化所学的知识和理论。

　　以上七个方面，主要是从读书做学问的方式方法和注意事项上讲的，它们是有机联系、相辅相成的。任何一方面做得好，其他六个方面也不会差到哪里去。古往今来，讲读书做学问的方式方法和注意事项的有很多。比如，《礼记·中庸》中就讲，"博学之，审问之，慎思之，明辨之，笃行之"。又如，明代理学家王阳明试遍世间种种学问，苦修悟道，终成心学体系，他提出的是心理合一成为本体、知行并举的方法，即知行合一的方法；唐代高僧、禅宗真正的创始人慧能，主张舍离文字义解，而直澈心源，以通常人心态悟所谓上等人智慧；明代大学者冯梦龙，注重实用，强调真挚的情感反对虚伪的礼教，主张"情教"，反对宗教，重视文学教化；等等，不一而足。关键是要找到适合自己读书做学问的方法，切实把握好读书做学问的相关问题，避免半途而废、功亏一篑。

（五）

虚心涵泳文源，需要以无心之心读书。只要你日日不断，时时刻刻不停息，至诚无息，不要存有得失之心，只保持一颗纯然合乎圣道的心，只管与圣贤们的心相互印证，如果能这样的话，不管你终日如何刻苦，也永远不会觉得劳累，正所谓"专注当下"，不仅宁静、平和与喜悦，而且会获取源源不断的高维能量供给。所谓的各种事务缠身，需要相互转换也不会觉得有羁绊和拖累，自然也不会心生烦怨，修身处世做学问，会自然浑然一体。这也是"集义功夫"，自是纵横自在。

虚心涵泳文源，不要预期其效，要做到不管别人的非议和嘲笑，不管别人的毁谤，不管外在的荣辱，只管下功夫。只管坚持时时刻刻用功，任何外在的东西都不要牵动你的心，久而久之，自然会感觉到它的力量。如果能够切切实实用功，任凭别人诋毁诽谤、欺负轻慢，时时处处都能得益，时时处处都是推进你的品德修养的地方。如果不能"沉浸式"地专注当下好好用功，这些别人的诽谤和侮辱就会成为你的心魔和拖累，总是在意这些，迟早会被拖垮。真功夫所表现出来的，就是"收拢鸾凤蛟龙般的翅膀而处于卑贱的地位，身置于破弊的茅舍，颐养浩然之气。动静知道节制，则无往而不利"。含涵醇厚，持守朴素，不为外物所移，任他威逼利诱，我自岿然不动。

不仅如此，别人诋毁、诽谤、欺辱、轻慢你，总得有个原因，提醒你思考一下，注意一下，也是受益。坦坦荡荡，浩浩茫茫，至真至朴，居处平庸，体味淡漠。程颢讲："质美者明得尽，渣滓便浑化。"意为本质美好的人善德尽显，缺点也就都融化消失了。

请看：

日月不淹

日月不淹，人生短暂，贤人自古惜华。苏子刺股，孙康映雪，邀琨宵衣练打。天不可预虑，道不可预谋，鞿羁修姱。年岁未宴，驻景挥戈，指天涯。

置像绝代清嘉，有三皇五帝，诸子百家；唐诗宋词，楚骚元曲，天文地理人华。善不由外来，名不可虚作，持操当下。袭义重仁谨厚，皇天无私夸。

第八讲

证悟道心惟微

掃地亦掃心
心清道自明

《尚书·大禹谟》十六字心传"人心惟危，道心惟微，惟精惟一，允执厥中"是个无尽藏（无尽藏是佛教用语，在这里借指仁德广大无边，作用于万物，无穷无尽），中国优秀传统文化是个无尽藏。只要"不怨天不尤人""夭寿不二"修身做学问，我们每个人的心都可以达到圣人的境界，都可以体悟发现天道、天理、"道心惟微"的真谛，证悟智慧，实现万物一体的仁的幸福和快乐。

（一）

　　苏轼在《前赤壁赋》中写道："惟江上之清风，与山间之明月，耳得之而为声，目遇之而成色，取之无禁，用之不竭。是造物者之无尽藏也。"关于"造物者之无尽藏"，孟子认为，万物的特点都具备于我的心中，反省我心而达到与万物相通的"诚"的境界，是人生莫大的乐趣。这一结论是他将仁义道德从内心世界扩大到人的社会生活，又进而扩大到宇宙万物而总结出来的。万物皆备于我之心，就是"明"，与万物相通的境界则是"诚"。"诚""明"乃天道、天理，"道心惟微"的真谛。诚，就是指真实无妄；天，就是指自然，天之道，就是自然之道或自然规律。天道、天理，"道心惟微"，都是实实在在的、真实无妄的，没有虚假。

　　通过修身做学问，体悟发现一个超级静谧的世界。恍惚中，我看到了那一束代表着圣人智慧的光。2022年4月的一天，当我被窗外的鸟鸣声唤醒，意密无穷。我对鸟儿的叫声充满惊奇，就好像我刚来到这个世界上一样。我从床上爬起来听，躺下去听，再爬起来听，再躺下去听，最后从床上起来找到手机对着夜幕中的窗户录音，一心想着将鸟儿的鸣叫声化为永恒；我的家，从来没有像现在这样想过，会是那样让人爱它的一切。实际上，此前一段时间，我就一直对家充满着温馨之感，对鸟叫声喜不自胜，远超过常人的想象。我坚信那是一个神圣的时刻。那天上班，当我向一个同事讲述头一天晚上发生的事，让他听我手机里录下的鸟叫声，涌流出来的爱让他真心感动。接下来的几天里，我生活在一种深深的宁静、平和与喜悦的状态之中。之后，虽然这些境遇淡淡远去，但准确地说，只是看起来淡淡远去了，因为它已经成为我本然的状态了。

大概两个月后的一天，我的一位年轻同事，偶然借给我《次第花开》一书来看。我读过后对她讲：《次第花开》书上讲的，都是我所做到了的；后来，又借给我一本《悉达多》来看，我读过后对她讲：《悉达多》书上讲的，都是我所见过了的。她听后欣然若有所明，默不作声，没有任何回应。后来，她又借给我《宽容》《苏菲的世界》《人间值得》《人生的智慧》《往里走，安顿自己》《当下的力量》等书来阅读。截至目前，我修身做学问这件事，以及发生在我身上的变化和奇迹，我一个字也没有对周边的人讲过，当然也包括这位同事。但在我的心中，我的确早已认定这位年轻同事注定是我修身做学问的神助，犹如我阅读哲学类、人文类书籍的"书童"，时间节点和需求供给太过神奇！

以上这些，日益使我更加坚定了人们梦寐以求的苦苦追寻的东西，的确已经发生在我的身上了，修身做学问已经使我发生了变化，产生了奇迹，达到了超我的境界：体悟发现意密醉眼自在——那个纯意识状态，获得了神奇的体悟和神圣般的启示。之后，每当进入意识自在状态，就能感受到内在能量的涌动和激荡，仿若你的周身闪烁着智慧的光芒。这里包含了极大的灵性的力量。开启智慧人生，就是发掘出生命的能量，并与之共鸣，从而使那些活生生的天理良知，那些亘古常新的知识、智慧从你的每个细胞当中被激活、释放出来，这是一生用之不尽的真正的财富。每当进入意识自在的状态，我都会安住在这个用言语无法形容的宁静、平和、喜悦而又神圣的世界中，使得我过往的一切经验与之相比都黯然失色。或许比任何体验更为神秘的是那宁静平和神圣的意密醉眼自在，或许比任何经验都更为神圣的是体悟、发现，自从那时起它的智慧之光始终照耀着我。此后，我都在这种内心无限的宁静、平和与喜悦的状态下工作、生活和读书。有时它反应很强，很明显，与我接触的人也能感觉到。有的人与我在一起时，他们会自言自语地说，与你聊天感觉心里很舒畅。

天道、天理，"道心惟微"的真谛，天地万事万物生生不息的本体，如果能够体悟发现，就好像体悟发现了智慧的源泉，就能感受生命的存在和力量，且能感受内心深处的宁静、平和与喜悦。它是我们身体内在的一个能量场，宁静、平和、喜悦之身就像一个金刚不坏之身，山崩于前不变色，海啸于后不动心，对于别人来说是天大的事，你却能安然如泰山，别人会精神崩溃或暴力相向，你却能静心如怡，这是宁静、平和、喜悦之身的特征。

（二）

那神秘之光，把我带进一个超级神圣的地方。这里动静开阖，幽微神妙无极。正如周敦颐在《通书·圣第四》中所讲："寂然不动者，诚也；感而遂通者，神也；动而未形，有无之间者，几也。诚精故明，神应故妙，几微故幽。诚、神、几，曰圣人。"就是说，"诚"是实在的道理，即天之实理，实理的奇妙作用就是神，而实理萌动之处就是几。周敦颐讲，诚、神、几，曰圣人（至诚、神明，见于幽微之人，可以称为圣人）。"至诚"就是寂然不动，"神明"就是感知遂通，"至诚"才能见"几"。"几""临在"（这里的"临在"是指意识临在）一体，为物不贰，生物不测，"动而未形，有无之间者"，这是"几"，感而遂通是"至明"的，诚、神、几，都是"至简""至美"的。

"有""无"统一，天道之本体是"无"，天之实理萌动时为"有"。表现为天之实理萌动，感而遂通，天道开阖因应。大道因应开阖，"至诚""至明""至简""至美"，是有像无形的，"有"和"无"是相关联的。这里的"有"或许正是苏格拉底所说的"人的无形意识是（或者应该是）世间万物最后尺度"。

万事万物的本质，永恒地存在于一个合一的、完美的、未显化的状态中，这完全超越了人类思维能够想象或者理解的范畴。"人与道凝"，是指"人"与"道"高度统一、相互默契。天道动、静、开、阖，意密非凡。

（三）

天人合一，人与道凝。"本体的我"（即"本体"），包括本体心神（即心神，是身心的主宰）、无思无我的"意密酣眠自在"（即本体的意识自在）、最先发起省察视听思之念的"灵魂"（即魂，始终不离"本体心神"周围）。"魂"起念，"意密酣眠自在"临在（是意识临在），并有"道灵"（即天使）相伴，而后见"几"。见"几"，"本体"自明，亦即心神感知遂通。在此境遇中，"本体心神"是主宰，"意密酣眠自在"是本体的"意识临在"，处于无思无为无我的状态；"魂"是本体的主意，是始终围绕着心神不相分离的。"本体心神"、无思无我的"纯意识临在"、提出念想的"魂"、"意密酣眠自在"的见"几"、"本体"自明，都是"本体的我"的纯意识状态的显现。无"魂"之念想，本体是定静的——宁静、平和的状态，"魂"起念，念起即意动，意密酣眠自在便呈现且活跃起来。此本体来自微光微显的"洞府"，游荡在幽暗玄妙的四野，徘徊于无形无迹之中，翱翔于不见不闻之际，这里渺渺茫茫、幽深无极，绵绵莽莽、悠远无极，坦坦荡荡、浩浩茫茫，崇高、空旷无极，尽显至诚、至明、至简、至静。

这里生发不穷，为物不贰，生物不测。"为物不贰"即"天人合一"的证悟，此与本书第十三讲"太极图说新解"中所讲的"圣人定之以中正仁义，而主静，立人极焉。故圣人与天地合其德，日月合其明，四时合其序，鬼神合其吉凶""圣人全体太极有以定之"相通；而"生物不测"则是"道心惟微"的证悟，亦即天道、天理是客观存在的证悟。"太极图说新解"中讲道："虽圣人全体太极有以定之，然天道何以缚约或审判邪恶，非所谓人之极所能为也，此乃天道无极之极也；圣人可以通过修全夫太极之道，而体悟发现天道无极有对邪恶之缚约与审判，此乃圣人太极复归于天道无极者也。正如《中庸》所讲：'天地之道，可一言而尽也。其为物不贰，则其生物不测。'故曰：无极而生太极，太极之外复有无极也。"天道是"有""无"统一的。

意密醋眼自在，能在有知时真切地感知到外面的事物是跟心一起生的，是连在一起的，当看到外面的事物时，已经是本体生心之后了，生心以后，才见到后物，这是圣人心体境界的彰显——"天人合一""人与道凝"；同时，更为重要的是，意密醋眼自在，能在有知时真切地感知到内在的无知，在看见外物时能够真切地感知到内在的混沌、无知，这便是"道心惟微"——"太极之外复有无极也"。这一体悟发现非常重要，说明人心良知与天道、天理虽然是相通的，但天道、无极之极最终需要天道神秘之光照亮、揭示。这也许正是王阳明心学理论的失意之处，也许正是这点失意使其"心学"完全落入"唯心"之境而不能自拔。王阳明教导人们不能以恶意去揣摩人，去推测自己的敌人；否则，自己就先恶了。这样一来，人们就无法去防别有用心之人的恶意，假如骗子利用人们的厚道及诚信来行骗，善良的人就只能上当受骗。若要不被骗，必要先能觉察，而觉察前必须把每个人当成潜在的恶人，这样就得先把自己变成不诚实不厚道的人。这是一个难以解决的问题。王阳明在赣南剿匪时，在军事上用了许多诈术，在平宁王之乱时，也是虚虚实实，以诱敌上钩，这与他推崇的心学完全是自相矛盾的。与《尚书·大禹谟》十六字圣人心传是不一致的。难怪有学者发出："致良知要么能使这世上每个人都是心学的门徒才能做到事上不违心。"正因为如此，王阳明提出并特别强调"知行合一"。他认为，只靠想是没有用的，领悟了天理而不去实际践行，就跟没有领悟一样，即"知而不行，只是未知"。他要求思考和行动本身必须同时发生，严格禁止只说不练、只想不动，甚至先想后动都是不被允许的。正因为王阳明强调"知行合一"，这让他的心学成了一门所谓的"入世"的学说，被认为是儒家分支，甚至被认为是理学分支。实际上，王阳明心学与理学有本质区别，其核心的地方是天理的内求还是外求的问题。

南宋理学集大成者朱熹认为，"未有天地之先，毕竟也只是理。有此理便有此天地；若无此理，便亦无天地，无人无物，都无该载了！有理便有气流行，发育万物"。他认为，理高于一切，上到无极，下到一草一木一昆虫，都有自己的理，天在上，地在下，中间的大千世界，山川、河流、花草、人、畜等也有各自的道理。这无疑是正确的。理是一切事物的本源，世界先有了理，才有了其他。这便是"大道之行也，天下为公"的真理所在。所以，朱熹主张通过经书得到天理，然后去实行。

圣人心体是"天人合一""人与道凝"，"心"和"理"是直接等同、合一的关系，"吾心即宇宙，宇宙即吾心"。"心"和"理"是普遍、客观的存在。"理"并不是由"心"产生的。而当"心"转化为道德意义时，宇宙便是道德的宇宙，也便是"道德的准则（理）"。因此，实现"心"和"理"的统一，只能在主体的直觉理念中实现。南宋哲学家陆九渊讲："是故君子戒慎乎其所不睹，恐惧乎其所不闻，学者必已闻道，然后知道其不可须臾离；知其不可须臾离，然后能戒谨不睹，恐惧不闻。"他讲的是"为学有讲明，有践履"。要在大本大源处立根，要人当下自拔，自立主宰，满心而发；充塞宇宙无非此理，此理不可再分天理人欲。也就是"先立乎其大""切己反省"，用直觉式的体悟和满心而发的整体扩充，来达到合一的境界。他主张通过静坐冥想得到天理，然后去实行。这一点，与朱熹的理学主张有所不同。但他没有细致地探讨如何在现实实践中达到"心"与"理"的统一。

通过修身做学问，体悟发现"道心惟微"，其实践与南宋哲学家陆九渊所讲的先明理、然后去实行完全一致。从某种意义上讲，弥补了陆九渊心学

"除'先立乎其大者'一句全无伎俩"这一缺憾，即通过实践达到"天人合一""人与道凝"的心体状态，达到"心"与"理"的统一，并且实现了无缝衔接。孟子讲："尽其心者，知其性也，知其性，则知天矣。存其心，养其性，所以事天也。夭寿不贰，修身以俟之，所以立命也。"通过修身做学问，体悟发现"道心惟微"，可以说是孟子上面所论述内容的完整的现实版的展开，是无心而合。

戒慎恐惧，成为内在本体唯一意动之念，是体悟发现天道、天理，"道心惟微"的真谛，证悟智慧的关键。只有通过"戒惧之念"才能见"几"。戒惧之念是在人情事变中不走极端，保持"中正平和"心态的心体意动；是长时间一以贯之对《尚书·大禹谟》中"惟精惟一，允执厥中"的理解，儒家"极高明而道中庸"的学思践悟、德化成性；是"慎独"功夫化育的心体灵性。"事变亦在人情里，其要只在'致中和'，'致中和'只在'慎独'。"此言不虚。"戒慎恐惧"之性的化育，的确是人类社会回心向道、回归质朴淳庞的"密钥"所在。

戒慎恐惧是为了防止我们的心偏离天理、良知。圣人顺从天理而能够戒慎于独处之中，能够戒慎独处，事上就能中正。小事看大节，大事看小节。对于一个修身做学问或有志于完善自我的人而言，万事万物都是修行的机会。如果看明白了这点，大事、小事就都能自如应对了。就像舜对待父母兄弟那样，永远不离孝悌。儒家讲孝道，体现在礼上，讲究尊卑有序。孔子讲治理国家，必先正名，先出个分别出来，这叫作权贵利分明，修身、齐家、治国、平天下道理自然明了且简易了。

天有不测风云、人有旦夕祸福。人情事变总是会有的，人们都想预知事变，但事物的发展总会遇到突如其来、出人意料的时候，当祸福来临的时候，即便是圣人也不能避免。《中庸》中讲"至诚之道，可以前知""至诚如神"，是因为圣人能常存"戒惧之念"，有事能"先立乎其大"，能见于幽微，遇到变化能够变通，能够应变不穷，一了百了，也就是周敦颐在《通书·圣第四》中所讲："寂然不动者，诚也；感而遂通者，神也。"

修身做学问的目的也是如此，《尚书·大禹谟》教导人们应该遵从"惟精惟一，允执厥中"这些社会伦理道德，而人类自身也有先天具足的社会伦理道德——良心，当把前者化为信仰，对后者修为达到"精一"的时候，两者完全融合在一起了，就能体察到心的自动，体会到心的本来，从本来的无知到后来的有知。

由此，我们对南宋哲学家陆九渊提出的"宇宙便是吾心，吾心即是宇宙"的重要哲学命题，也就不难理解了。他同样表达了天道与人心是融通的，客观世界（宇宙）的规律与人的主观思想（心）是统一的。而这正是圣人的修为和心体状态。

（四）

意密醉眼自在，证悟到内外之别消融，似影非影，有像无形，物我两忘，人与道凝，与天道浑然一体，动静至诚；发现天道有道灵——天使，似影非影，有像无形，动静与天道浑然一体，动静至诚；体悟到道灵（天使），礼敬周严，动静至诚，意会无声，意密神圣。按照亚里士多德所描述的从植物到人类的生命层级划分，意密醉眼、自在和道灵都属于天使级，所以，称其为道灵天使。佛陀在圆寂前对弟子说："世间复合之物必然衰朽，应勤勉修持以求己身之解脱。"但意密醉眼、自在和道灵（天使）如水晶玻璃般若，既没有身体也没有感官，更没有翅膀，他们具有自发的直接的智慧感知能力。他们既不需要像人类一样"思索"，也不需要靠推理来获取结论，他们不需要像我们一样逐步学习，就可以拥有人类所有的智慧。所以，在他们呈现出来时是无思、无为、无我的。由于他们没有一个终有一天必须离开的身体复合体，因此他们也永远不会死亡。在那里，两性是完全平等的，因为在那里所有身体上的性别差异都不存在了。圣人心体无思、无为、无我，无内外、无善恶、无性别差异，达到自由的颠峰，这里游戏规则被扔掉、被忽略、被省略，变为多余的毫无用处的东西。意密醋眼自在是直接进入观赏"演出活剧的阶段"。这不是浪漫主义，而是意密醋眼自在的自由状态，万物都是一体的，而这个"一体"便是万物所共有的神圣的奥秘，充盈天地间的唯有意密醋眼自在和道灵（天使），他们是天地鬼神的主宰，一切的感应显现都只是为了他们，就像艺术家创造自己的世界、上帝创造这个世界一般。

（五）

意密醋眼自在伴随着明觉因应，开始特别微弱，然后开窍，变大，一切都清晰地显现在眼前，整个世界都呈现了。在本来混沌的时候，本体不"明觉"，"照"也没有，但是本体自然能开窍，自然能生发，于是明觉自生，"照"也开始了。这就是王阳明所讲的"一点灵明"。这是本体自然产生的，与外物没有关系。他在这里讲的"本体明觉"，也称为"照"，实际上就是意识自在在体悟发现天道、天理、道心惟微的真谛时的"明觉因应"或称为"照"，的确这是人的心体所本具的功能。也可以说是圣人从本体太极进入天道无极状态穿越的自适应。

每一个人的体悟发现都是独一无二、不可复制的，但所有人的体悟发现，都是修身做学问达到圣人境界后的证悟。就如竹子，只要都是长着竹子的枝节，便是大体相同。如果要限定每一个枝节都一样高低、一样大小，就失去自然造化之美妙了。文王作《卦辞》、周公作《爻辞》、孔子作《十翼》，他们对《易》之理的看法不同，是因为圣人不可能拘泥于死旧的模式，只要都同样出于圣人对天理、天道的体悟发现，即便是他们各自立说也很正常。圣人证悟智慧，都是对自然大道的体悟发现，其在根本上是一致的，也不妨有异处，万紫千红才是春。

　　知识可以分享，智慧无法分享，但智慧可以被发现、被体验；智慧令人安详、创造奇迹，但人们无法言说和传授智慧。也就是说，即便是圣人的言语表达，也都只是片面的真，都缺乏整体、完满和统一；反过来说，只有片面的真才得以言辞彰显。智慧无法言传，无论是谁，试图传授智慧，一定是不现实的。

　　佛教认为，万事万物的现象都是虚幻的、不真实的，只有佛性才是不变不坏、永恒不灭的真实。圣人体悟发现天道、天理、"道心惟微"的真谛，证悟智慧，从本体上来说，若他是有心的，他的体悟发现一定是实相，即真理、智慧；他若无心，那一定是虚幻的假象。从功夫上说，若他是无心的，是不期而遇的，都是实相；若他是有心的，是"意、必、固、我"的，那一定是虚幻的假象。这就是王阳明所说的"有心都是实相，无心都是幻相。无心都是实相，有心都是幻相"。前半句的心是指道心，后半句的心是指私心。也就是说，修身做学问的功夫到了，有了道心，看到的都是实相。如果没有道心，那么看到的都是幻相。反之亦然，如果修身做学问抛弃了私心，那么看到的都是实相；如果从私心出发，那么看到的都是幻相。修身做学问要在事物纷扰之时、起心动念之时，看见和感受到外在的各种事物时，甚至在思考和追求之时，内心一定要保持本来的清纯，就像夜间一无所有那样，也就是"常如夜气一般"，这样你也就"通乎昼夜之道而知"了。这便是修身做学问，追求圣贤所要达到的境界。

（六）

　　意密酣眠自在是由寂然不动到感而遂通、动而未形与有无之间的本我意识存在。正像程颐所说的那样，"人的本体在未应中隐藏，在已应中显现，未应、已应互相包含，二者不是先后关系"。其中，戒惧之念是意动之发端。《大学》里讲"格物""慎独""戒惧"，是唯一的诚意之功。体悟发现天道、天理、"道心惟微"的真谛，证悟智慧，戒惧之念是唯一要件。当且仅当起念时，才有天道之动静开阖，这便证悟了《中庸》里讲的"戒慎恐惧"是修身做学问的"密钥"，是实现天人合一、"人与道凝"的关键，也是真学问的标志。之所以说它是真学问的标志，因为在戒惧之念下的证悟，真的是即之若易，而仰之愈高；见之若粗，而探之愈精；就之若近，而造之愈益无穷。至于《孟子》里讲的"集义"、《论语》里讲的"博约"，的确都仅是一般性的功夫。博学、审问、慎思、明辨、笃行，是《中庸》里所说的"明善"之功，《尚书·大禹谟》之所谓精一，《论语》之所谓博文约礼，《中庸》之所谓尊德性而道问学，都是如此，但却是必要条件。只要修身做学问在"戒慎恐惧"，即在"君子慎独"上下功夫，时间久了，功夫自然就会纯熟，真性自然就会生发，就不再会被外在的见闻所左右牵累。

《中庸》中讲："故君子尊德性而道问学，致广大而尽精微，极高明而道中庸，温故而知新，敦厚以崇礼。"君子应当遵奉德性，善学好问，达到宽广博大的境界，同时又深入细微之处；达到高大光明的境界，同时又把不偏不倚和恒久不变的本性作为修养的途径。温习过去所学习过的从而获取新的认识，用朴实厚道的态度尊崇礼仪。这几句话是君子之道，而唯有"戒慎恐惧"这一诚意之功方可成之；而心体达到没有丝毫污染、"渣滓浑化一般"的状态，即圣人之心体状态，有一个显著标志，乃是"欲言言之已尽"，也就是所关心的需要彻底研究的问题，应该表达的都已经表达完全，已经到了无可表达的心体状态，也许这就是佛教所说的修成正果（得道）的心体状态，内心极致的宁静、平和与喜悦，意味无穷。有了这种心体状态，出世间就会不期而遇了。

（七）

修身做学问的最高境界是达到"天人合一""人与道凝"的"无我"境界。"无我"自能谦，谦者众善之基。《孟子·尽心下》中讲："可欲之谓善，有诸己谓之信，充实之谓美，充实而有光辉之谓大，大而化之之谓圣，圣而不可知之之谓神。"就是讲，值得追求的叫作善，自己有善叫作信，善充满全身叫作美，充满并且能发出光辉叫作大，光大并且能使天下人感化叫作圣，圣又高深莫测叫作神。孟子认为，美的人必须具有仁义道德的内在品质，并表现充盈于外在形式。在这里，孟子把人格的美看作是个体人格中实现了的善，即人格的美包含着善，又超过了善。真、善、美于一体，这便是圣人品格。

意密坦然、安定无极。岁月静好，一个听到就会让人心向往之的词语，原来竟是一个可以体悟发现、获得证悟体验的时光心态！大家都想体验这种岁月静好的状态，见证什么是真正的静好，但是，真的太难了。原来这与体悟发现天道、天理、"道心惟微"的真谛，证悟智慧，完全是一回事。需要修身做学问的真功夫：完全去掉私欲，恢复本我，处理一切事务都不能循着自己"小我"的欲望走，而是用"大我"来作判断、作决策，不管是顺境还是逆境，思想和行动上都决不能有一丝一毫的改变，才可有缘体验什么是纯粹的"岁月静好"。

叔本华在《人生的智慧》一书中讲："人类卓越的感知能力能够让我们享受到存在于认知世界的，也就是精神世界的快乐，感知能力越好，享受到其带来的快乐就越大。"大家都希望自信和快乐能够常伴心间。可是，坦率地说，大部分的人都不可能有缘体验真正的自信和快乐，因为大家希望自信和快乐的心充斥着私欲，发出的念头都有私念，从一开始就偏离了天道、天理和良知，自然无法体验真正的自信和快乐常伴心间的滋味。

　　大家都知道"没有调查就没有发言权"。什么是真正的调查研究？调查，是由戒惧之念发端，无思、无为、无我地寻求天之实理的过程，不能带着私念，不能先入为主，应该抱着"虚怀观一是"的心态来进行调查，良知之是非之念只能是应时应事而生；研究，是调查的升华，旨在求是，必须深入细致、有理有据。只有通过深入研究，才能做到去粗取精，去伪存真，由此及彼，由表及里，准确地揭示出事物的本质和规律。《论语》中讲，舜喜欢思考浅近的话，并且向樵夫请教。舜是圣人，他一定是由戒惧之念发端，无思、无为地寻求天之实理，如果舜沾了一点执着和意、必，那他就不是真正的圣人，也不是真正的调查研究了。所以，王阳明才说，绝非舜认为这浅近的话应当去思考，而是舜认为当向樵夫请教，所以他才这样做。

　　美哉！炁蒸蒸、能盈盈，至诚、至明、至简、至静。洋洋乎！为物不贰，生物不测。惟精惟一，允执厥中；天人合一，人与道凝。

　　请看：

冥海般若

圣境非凡，至诚至简，

冥海般若，静谧无限。

幽冥洞府，微光微显，

千般修习，始回家园。

豁然临观，意密谦谦，

宁静平和，无思无念。

戒慎念起，意密酣眼，

天使道灵，礼敬周严。

为物不贰，澄然舒展，

生物不测，造化怡颜。

因应开阖，几见光端，

仁心明觉，千秋圣缘。

第九讲

修身问学之思

人與道德

悟道之人不仅悟得"大本""大源"，而且具有看到真理就顿悟的内在智慧。学海无涯，学无止境。"道必学而后明"。

（一）

意识是天道的本质通过生命形式的显现。人类自己的神性本质就是纯粹的意识。意识在整个宇宙中以万事万物不同的形式在不断演化。在人类外在的形式下面，是与一个广大、浩瀚、神圣的东西相联系的天道本体（亦可称无极），人的意识能够进入并安住其中，这正是人类神圣的本质，从现实中的"小我"变为意识自在中的"大我"，从而彻底实现人类意识转换，即从大脑思维状态转换到纯意识状态。这是一个人们所能想象的最为深刻的意识转变。这便是悟道。

悟道，是一个人圆满的境界，其心体状态是合一而和平——与生命及它所呈现的世界合一、与最深的自我也就是人的本体合一。在我们肉身表相看来，与众生分离的情形之下，其实人是与万物合一的。这便是圣人的心体状态——纯粹的意识自在状态——无思无为无我、"人与道凝"。这种状态下，他不仅是身心内外冲突的终结，也是思考的终结，这是一次不可思议的解放。他会感觉到心底的平和和宁静，而且会感觉到一种来自内心深处的喜悦。在这种状态下，没有矛盾和对立，因为他处于无思、无为、无我的境界之中。达摩祖师"修炼内心，追求真理"，达到了修心当以净心为要，修道当以无我为基的境界。慧能大师"觉醒自我，体悟生命"，达到了"菩提本无树，明镜亦非台。本来无一物，何处惹尘埃"的境界。而圣人悟道，则是通过修身做学问，达到体悟生命、顿悟真理、证悟智慧的境界。他们总是以当下的觉知来采取行动，无论做什么，哪怕是一个最为简单的行动，都会充满美德、充满关怀、充满爱。他们从来不担心行动的结果，仅仅关注行动本身，行动的结果会自然而然地产生。

悟道，体悟发现万事万物的无形源头，众生的内在存在。这是一种深深的宁静与平和的领域，有着喜悦和充沛的活力。无论何时，只要他进入内在本体的状态，他就对光变得透明，而这光就是从源头中发散出来的纯意识。他就会了解光不仅从未与他分离，而且光就是他的本质，就像纯净的玻璃般若，光亮透明。他已经不再是过去的他了，他体悟发现他有一个处于他内在的本质——"诚""明"，他与这个世界是合一的。随时保持内在本体的觉知状态，他可以感觉到生活背景中的一种深深的平和感，一种无论发生什么事都永远不会打破的宁静。这就是所谓的悟道，一种体悟发现，一种与本体源头的联结状态。这是深层的本体住在状态，是一种永久的高维的能量场。这里，没有错觉、没有痛苦、没有冲突，唯有宁静、平和与喜悦。

悟道之人会珍惜热爱并深深地尊重周围的一切生命形式，他们都是超越形式的那个合一生命的一种表达。每一个生命形式最终都会消失。所以，在他们看来，世间的一切都不是那么重要了。用耶稣的话说，你已经征服了世界。或者用佛陀的话说，你已经到达彼岸。他身上散发着爱和喜悦，他会敞开怀抱拥抱万物。他的这种感觉并不会否认纷繁复杂的矛盾和问题，不会否认痛苦，但会欣然接受它、超越它。他允许痛苦存在，并同时具有用之不竭的能量去转化痛苦，他接受每一件事情，并同时具有用之不竭的能量去转化每一件事情。

悟道之人，他们不仅不再为自己创造痛苦，也不会再为别人创造痛苦，更不会再消极地制造问题来打破自己内心世界的情感平衡，破坏人与人之间、人与自然之间的关系。他们的自我感源于本体，在这个世界上，在他们的生活情境层面，他们会变得很富有——知识很丰富、很成功、很自由，在更深的本体状态里，他们又是圆满和完整的。在这种圆满和完整的状态中，他们仍然可以追求外在的目标，因为这是一个有形有相、有得有失的世界。但在更深的层次里，他们已经是一个圆满、完整的人了。由于全身心地专注于当下，他们将不再受愤怒、不满等的驱动而去追求"小我"目标，也不会面对纷繁复杂的矛盾和问题而产生恐惧、变得消极。尊重每一件事，却又不在乎这一切。虽然身体形式有生有死，但是他们知道真理是不会受到威胁的。

悟道之人，他们在应对日常生活中的挑战时，能够全神贯注于当下，并能通过自己的身体与内心深处的本体相联结，从"人与道凝"的天道本体处源源不断地汲取能量。他们全神贯注于当下，因此他们会对所参加的活动意趣无穷，会对所从事的工作充满热情，会与亲近的人诚实守信、充满爱意。因这种情况而产生的本体的愉悦和平和，会对外部产生十分重要的作用。所谓的"积善成德，而神明自得"，就是人的心胸开阔，灵魂有信仰，眼神笃定，心神安详；一直用谦虚的心境、愉悦的心态，踏实向前，不只是整个人散发着光芒，更是还在不断地凝聚正能量；他们平静安然，面容平和，内在的潜意识里，散发出来的气场和感觉，能让人第一时间，透过他的脸，感知他的存在。事实上，他们正在依据本然，将当下时刻看作朋友，在他们的内心和外界制造了快乐和和谐。他们的快乐不仅充满着内心世界，而且能够充满他们周围人的内心世界。我们这个地球需要这种能量的传递，人人都需要从他们的内心世界担负起责任。

悟道之人，能在天道本体中感觉到他的根，因而不会执着于现实世界。但他仍然可以享受这个世界上稍纵即逝的欢乐，只是他不会再害怕失去，因为他不依赖它们。他将触及比任何欢乐、任何生活境遇更为深邃、更为神圣的事物，这样他就不再希冀于这个世界为其有所改变了。

（二）

悟道之人，会有意识地自觉地放弃对过去和未来的执着，使当下时刻成为他生活中的重点。大多数人在自觉达到这种生存状态之前，都必须遭受一定深度的痛苦或损失，来认清和体悟选择放弃的决定性意义——宽恕对于获得人生圆满的意义。只要他们选择了宽恕，全面接受当下的事实，一个伟大的奇迹就会出现：经历纷繁复杂的矛盾和问题的磨砺，那些看似邪恶的东西，能够唤醒人类本体的意识，能够开启灵性世界的大门，在他们遭遇常人难以承受的磨难面前他们会感觉到深深的宁静、安详和神圣的存在。世界上所有的邪恶和痛苦的最终结果，就是迫使人类认识到他们超越"小我"的真正本质——超越贪婪、控制、防卫或发展虚假的自我感的动机，使他们重新与内在的本体联结。宽恕，就是放下怨恨，同时放下悲痛；就是不去抗拒生命，容许生命经由他而活出自己；就是从思维中收回能量，转而用于进入内在去感受生命和本体的旅程。这是一个极为神圣的转变和存在。

只要他们选择了宽恕，障碍、失败、损失、疾病或任何形式的痛苦都能成为他们最伟大的导师，教他们放弃以"小我"为主导的目标和欲望，赐予他们灵性的智慧和力量，使他们更为真实。当他们完全接受本然，在他们的生活中就不会再有"好"和"坏"了，只有更高的"善"，这种善没有对立面，包括"坏"在内的恶。因此，那些通过人类有限的知识面而被认知为邪恶的东西，恰恰是人们悟道成圣的必要条件，它就像是送给修身做学问者的精神食粮，是激励他们前行的礼物。

如果他们选择不宽恕，邪恶就不会被改变，它还是邪恶。只有通过宽恕，即承认过去和现在的事实存在，转变邪恶的奇迹不仅会发生在他们的内在，还会发生在他们之外。在他们的内在和周围会出现一个极为强烈的意识自在的宁静空间，任何人或任何事，只要进入这个意识状态的领域，就会受它的影响。这种影响有时是有形的、立即显现的，有时则是无形的，在后来才会显现。这样，他们就消除了不协调，治愈了痛苦，驱散了"小我"意识——而他们仅仅是进入当下时刻并保持对当下时刻的专注，更有深度和效率地修身做学问。他们的内心会感受到一种深深的宁静、超越好与坏的喜悦——本体的宁静、平和与喜悦。

宽恕和臣服是事物的一体两面。全面接受外在的本然和内心的状况，就是宽恕，也可以叫臣服。只有臣服于生命之流，身心归位，融入整体，顺流而动，才能从自己的内心深处获得高维能量和智慧。臣服于内在本体，顺应整体需要，顺应天道、天理，顺应人心良知，他们的身心高度合一，能量场会极致和谐，整个人完全进入了当下时刻的超然人生境界。它意味着以超越"小我"的绝对"第三方"的视角，通过搞清所经历的纷繁复杂的矛盾和问题的事实，并通过它们对事实背后的天理良知——"道"有一个切身的体验，有了这样的切实的体验，做人做事犹如神助，无往不利，无坚不摧。更为重要的是，"意识自在"的状态也可能会不期而至，这便是"道必体而后见"。可以说，宽恕和臣服是悟道成圣的最后一道关。真正过了这道关，他就可以站在静谧的地方，感知神圣的生命和本体的智慧，他们的胸襟被彻底打开了，可以观察并接受外在的变化，不会再有任何痛苦和烦恼了。而且，通过他本体的内在之光，使他的外在越来越透明，进而会转化成心灵之美。喜悦是他内在宁静状态的关键部分，它是他的自然状态。要知道喜悦不是通过努力就能获得的。面对纷繁复杂的矛盾和问题，当修身做学问者不再需要向自己问问题的时候，其实他已经彻底搞清了事情的来龙去脉，已经欲言言之已尽；与此同时，他会在自己的心灵深处把这些烂事彻底清零，完全放下了。他已经"体道"了，即宽恕或臣服。臣服的本质是臣服于整体、臣服于天理、臣服于良知、臣服于智慧、臣服于使命、臣服于生命，而不是臣服于个体、臣服于欲望、臣服于情绪、臣服于工作、臣服于思维。"夫子之道，忠恕而已矣"，这是一种顺随生命的流动，是不身陷其中、逆流而上的简单而又深刻的智慧。它能让当事者不只是放弃对当下的内心抗拒，而且还能感受到生命的圆满和完整状态。

悟道之人，顶天立地，合一中正，干净纯粹，能够放下内心所有的抗拒而完全地接受现实。在全然臣服的状态中，他可以轻松地让身心专注于当下时刻，可以自然而然地与万事万物建立链接，可以自由地从内在本体中获得源源不断的能量和智慧。此时此刻，他会在本体意识管控、神性智慧引领下，不用操心、不用担心、不用焦虑、不用恐惧，顺着内在本体意识的提示，不评判、不抗拒、不对立、不攀附、不空耗，顺其自然，顺势而为，本体意识顺流顺遂，自由流淌在天人合一、人与道凝的境界之中。那个喜欢感觉痛苦、怨恨和愧疚的虚假而不幸的自我感会因此而无法生存。这叫作臣服，其实也就是宽恕，这是同一事物的一体两面。臣服不是懦弱，在臣服中有很大的力量。只有臣服的人才有精神力量。通过臣服，他将会从内心摆脱这种境况。然后他会发现，他在没有做任何努力的情况下，局面发生了变化。不管是内心还是外在，他都自由了。他没有内在的冲突，没有对外在的抗拒，也没有消极负面的心态。通过关注生命、专注于当下，修身做学问，"此时""此地"的境况成了他的"天堂"，充分享受专注当下、进入内在本体的内在能量的流动以及那个时刻的高能量。不管在工作、学习、生活中，他都能自觉地、充分地享受当下带来的宁静、平和与喜悦。他还会发现他周围的一切都是美好的。他不仅能感受大自然的美丽、伟大和神圣，而且还能觉知超越外在形式之美的那些不可名状的东西，那些叫不出名的事物，那些深沉的、内在的、神圣的东西。只要美好的事物出现，其内在本体都能体悟发现它，都会去感知体验这种美好，并会在那里闪耀着光芒。

接纳任何外在纷繁复杂的矛盾和问题，都能把他带进宁静状态。这就是宽恕或叫臣服的奇迹。事实上，为你不能进入宁静状态而宽恕自己，在完全接受你非宁静的事实的那一刻，非宁静状态就会转变成宁静状态。这是一个人们所能想象的最为深刻的意识转变。在极少数情况下，这种意识的转变会发生得很戏剧化、很彻底，并且只一次就能完成，它通常是在人们感受特殊痛苦并且对痛苦臣服时发生。臣服——放下对本然（事实）的心理和情绪的抗拒，形式身份软化了，同时他却变得比较透明，这样他的内在的本体就会透过他的身体展现。从表面上看，他与别人并没有什么不同，但他的确已经不是原来的他了，他已经是圆满和完整的了。

悟道之人，学会了在纷繁复杂的矛盾和问题中不去抗拒本然，学会了进入当下，学会了接受万事万物无常的本质。他不再依赖事物的外在形式，这会使他的生活状况有很大的改善。人们苦苦追求的能让他们快乐的人、事或境况，他却在无挣扎、无努力的情况下实现了，他会欣然接受、充分利用它。他只管相信，只管感恩，只管信任内在本体向善的意志，在天人合一、人与道凝的境界中，完全地敞开自己、呈现自己、创造自己，活在宁静、平和与喜悦的状态中，内在本体会源源不断地提供能量和智慧资源。这真的是一个奇迹。即使有一些烂人烂事围猎不止，但因他一心专注在当下时刻上，"有事时省察""无事时存养"，修身做学问，根本不与之纠缠，所以，他根本不会受到伤害，也不会受到任何影响，生活仍然安逸。这的确是一个更大的奇迹。当生命陷入无法抗拒的状态，关注生命、专注当下，即使周围所有的事物都瓦解倒塌，他也仍然能感到内心深深的宁静，修身做学问不止。对于那些外在世界获得的所谓的幸福，都只不过是过眼烟云，成为他本体喜悦的苍白的反映。这又是一个怎样的奇迹。发生的事可能无法使他快乐，但他的内心始终宁静、平和，充满喜悦。宁静来自一个深沉的地方——内在的本体，这是超越一切的平和，外在的生活情境所带来的快乐与之相比显得非常浅薄。在光明的平和里，他会从本体的深处产生一份体悟，体悟到他的不灭和不朽。这不是一个信念，而是不需要他证的绝对确信。

悟道之人，他的本体意识和他散发出来的宁静会影响他所接触的每一个人。他宁静的影响力如此广阔、深远，以至于那些不处于宁静状态的人和事一与其接触，都会消融于其中，就像他们没有存在过一样。动物、树林、花草都会感受到他的宁静并对此作出反应。处于内在的本体意识之中，他会感知别人的身体和思维背后的真正本质，就像他感受到自己的本质一样。所以，当他遇到别人在遭受痛苦或做出执着的行为时，他能借由保持本体意识，与本体联结，而看穿他们的形式，去感受他人外表下本体光彩的纯真和至善。他通过自身的存在、通过展现他内在本体的宁静来教导大家，使大家一接触到他，就产生宁静、平和与喜悦的本体状态。他变成了散发出纯意识的宇宙之光。

如果没有人类意识的深刻变化，世界所遭受的痛苦将是无法弥合的。就像舜不能与父母兄弟抗争一样，人们无论如何不能与外在的本然抗争。如果人们要试着这样做，事物对它的另一面就会得到加强。他就会被其中一个对立面所认同，他会创造一个敌人，并把他自己拖出本体意识，重新进入"小我"中来。耶稣说，"要爱你们的敌人"。让人的内心的宁静流入他所做的任何一件事情上，这样他就会在"因"和"果"上同时发挥作用。

悟道之人，对生命旅程的把握更有深度。他会既关注外在的人生目标，又设定目标并努力实现目标，更关注他的内在的目的，关注当下并与内在的本体联结。只有进入内在的本体，本体之光才会穿越它，这就是他内在旅程的目标和成就，一个驶向他自己的旅程——"夭寿不二，修身以俟"，"有事时省察""无事时存养"。外在目的就像一个游戏，人们可能会不断地去玩，因为人们喜欢它。但在外在目的完全失败的同时（这必然是，因为外在的一切都是无常），他的内在目的有可能取得成功。更常见的是外在很富裕，内心却很贫乏。正如耶稣所说，"赢了全世界，却丢了灵魂"。当然，最终所有的外在目的都会失败。这个道理很简单，因为它们受"无常"规律的限制。外在的目的不会给人持久的满足，越早意识到这一点，对人们来说越有利。当人们看到了他们外在目标的限制时，他们就会放弃那种不现实的期待，让它屈从于他们的内在目的了。

（三）

悟道之人通常会将主要注意力集中在当下，但是他对时间的关注仍然同时进行着，换句话说，必要时他会继续利用钟表时间，来完成现实中他必须完成的目标和任务。但是，他会随时将自己从过去和未来这种心理时间上解放出来。他以关注当下为契机，把他的生命旅程作为一场奇妙的探险。他会看到路边的花朵或闻到它的芬芳，他会觉察到存在于当下的围绕着他生命的美丽和奇迹，他会易于沉浸在工作学习生活中的实际事务上，工作更有效率、学习更能精进、生活更显质量，他还会感受到存在于当下的他，轻松愉悦的心态和充满活力的生命。这一切都是蕴含于他"有事时省察""无事时存养"的修身做学问的旅程，丰富多彩而意密无穷。

人的生活情境存在于时间之中，人的生命则只是在当下，人的生活情境是思维创造出来的，人的生命则是真实的。暂时忘却人的生活情境并将注意力集中在人的生命上，那就是所谓的当下。努力改善人们的生活状况并没有错，人们可以改善他们的生活，但是人们却永远不能改善他们的生命。生命是最重要的。生命是人内心最深刻的存在，它是圆满而完美的。人的生活状况由他所处的环境和亲身体验所组成，设定目标并努力去实现目标本身并没有错，错误是把它看成他对生命和本体感受的替代品。通往生命和本体的唯一途径是当下。人们应当对他们所拥有的、对本然心存感激，对当下、对此刻的生命的完整性心存感激。这些是人们在当下时刻得以体悟生命和内在本体的真正财富和资粮，它们不会在未来到来，但会在适当的当下时刻以各种方式出现在你的面前。只有专注当下、关注生命，修身做学问，才能感知生命的伟大和神圣。人生旅程，有外在目的和内在目的。外在目的，属于时间和空间的水平维度，它能够创造一个人的外在生活情境。内在目的，是一个驶向他自己生命的旅程。它会带领进入本体，本体之光将会穿越它。一旦内在目的被唤醒，外在目的对他便不那么重要了。

人们的焦虑、紧张、不安、压力、烦恼，以及所有形式的恐惧和消极心态，都是因为对未来过于关注而对当下关注不够或拒绝当下引起的；人们的愧疚、后悔、悲伤、痛苦，以及所有形式的不宽恕，都是由于过于关注过去而很少关注当下或拒绝当下时刻引起的。一个人是不可能既不快乐又完全地专注于当下的，因为专注于当下时刻，就会与自己的生命本体建立链接，而生命本体是圆满和完整的，它会带给人们宁静、平和与喜悦。当下才是最珍贵的东西，因为它是唯一真正存在的东西，人的整个生命就是在这个永恒当下的空间中展开的，而这个永恒当下是唯一不变的常数。生命就是此刻，一切的生命从来不会不在此刻，不会在过去，也不会在未来，它只能在当下。当下是唯一可以带你超越有限大脑去感受生命和本体的切入点，也是唯一可以带你进入永恒的本体领域的关键。关注当下时刻，不要被过去和未来占据。

《当下的力量》一书中讲道，大部分人往往只有在生命受到威胁的紧急情况下，意识才会很自然地从过去和未来的时间中转变到当下，那个有着过去和未来思维的人格会立即撤退，被强烈的当下意识代替，同时他会变得非常警惕和宁静。此时任何即时的反应都是从当下的意识状态开启的。在这些高度紧张的时刻里，人们即使一秒钟不活在当下，都有可能面临死亡的威胁，所以，人们能从时间、问题、思维中解放出来。在真正紧急的情况下，思维停止了，人们完全专注于当下，这就是许多普通人突然能够做出令人难以置信的事的原因。关注当下，自然而然地就会忘却过去；关注当下，自然而然地就把问题和痛苦放下。绝大多数人在紧急状态过去后，又会回到过去和未来思维的人格中去，再次陷入大脑思维的痛苦和烦恼之中。只有当人们不再想逃离当下，本体的喜悦才会进入他们所做的每一件事情之中。不过大多数人必须下很大的功夫才能达到。王阳明讲："立志而圣则圣矣，立志而贤则贤矣。"但立志读书学圣贤并非易事，必须经后天磨炼，慎终如始，知行合一，无怨无悔。王阳明的生死之交湛若水讲，王阳明蹉跎了20年，到35岁时才归于圣贤之心，从而确立了日后的一朝顿悟。若"沉迷""痴迷"是一种"惟精惟一，允执厥中"的中道而行的专注，就有价值，它会成为人生极为宝贵的财富。掌握了修身做学问的秘诀，只要立志去求，便能达到目的。理学大师娄谅讲："圣人必可学而至。"但修身做学问修得圣人境界需要怎样顽强的意志力和非凡努力，唯有亲历其境者方能深切体会。王阳明称是从"百死千难"中得来的。2022年，北京冬奥会自由式滑雪空中技巧女子项目金牌、混合团体银牌获得者徐梦桃讲：她是用"沉浸式的专注"来参加比赛。"当我比赛完就想哭，天不负我！为自己的认真和付出而感到值得。"

对于极少数人而言，他们本来就存在着"修身做学问"的志向和念想，经常会自觉地把当下投入到自己想做的事情中去，在遇有人情事变的时候，他们不会深陷具体事变之中。相反，他们会毫不犹豫、毫无怨言、悄无声息地更加专注于当下，把更多的精力转到自己想做的事情中去——修身做学问。在别人看来，在他身上发生了巨大的人情事变，但他却因思维维度的不同，无视在自己身上发生的事变，完全心安理得地接纳这种事变。他的心态变得更加宁静、平和——正好与常人相反。对他产生重要影响的，使他更加自觉地专注当下，更加自觉地把当下时刻转化到自己想做的事情上去。对于他来讲，这场人情事变完全转变为他修身做学问的机缘和动力。这种感受会日益加强，形成涡流能量聚集，形成正向激励。很快他会更加依赖和渴望当下时刻。就这样人情事变悄悄地转变为他真心感恩的"善"。最为不可思议的是，也许当初他的目标并不十分清晰明确，他却围绕着自己本体意识指引的方向执着求索，不断完善自我，或者说只是有一种意识去做自己愿意做的事而已，并不知道具体的目标和任务，但他却心甘情愿。对于遵循中国传统文化所指引的修身做学问的路径精进的人来讲，这是至关重要且必不可少的，就像"觅母基因"一般，并可为他更好地进入当下、精进不止奠定了坚实的基础。当他再次遇有人情事变的时候，会更顺其自然地把事变作为千载难逢的"善"，会更加顺其自然地专注当下，顺势而为。事变强度越大、持续时间越长，对他修身做学问的帮助越大。在他看来，能使他专注当下，深切地感知生命的圆满和完整，这些大"恶"的的确确成为他感恩的大"善"。这与基督教中讲的"苦修"、王阳明龙场悟道有点相似。根本不同的，是他们内心的感受完全不同——那是一种宁静、平和与喜悦的状态。的确，修身做学问，达到悟道成圣的境界，不是一件容易的事，需要很多的机缘巧合，每一步、每一个环节都仿佛"神助"一般才能成就。"夭寿不二，修身以俟"，只有在"天时、地利、人和"时才能真正彰显它潜在的神话般的意义。正因为如此，古往今来，在茫茫人海中，从来不缺学者、专家、大学问家，而悟道成圣，则堪称天命。

真理是真正的力量，在"人与道凝"的心体状态下，所有的思绪、情绪、身体，以及整个外部世界，都不那么重要了。这不是一种自我的"小我"状态，而是一种无我的"大我"。他把当下时刻作为他所拥有的一切，把他的生活重心完全放在当下这一刻。这将使他体验到不为外境所困的内心自由，一种真正的内心深处的宁静、平和与喜悦。当人们专注于当下，持续发挥它的力量的时候，会产生永久的高意识的能量场，没有错觉，没有痛苦，没有冲突，只有真实的你们，只有宁静、平和与喜悦，只有爱。"意密酣眼自在"状态是修身做学问所能达到的最高的神圣境界，整个世界海蓝色一片，看起来就像大海，人就像大海表面上的涟漪。这大海就是内在的本体，这涟漪就是本体的意识自在（灵在）。悟道之人已经认识到自己的真实身份，他就是大海的涟漪，同时，与大海的深度和广度相比，涟漪就不再那么重要了。人的思维掌握着我们的文明，天道本体却控制着地球上所有的生命，甚至超乎地球上的生命，"人与道凝"成为永恒。本体具有很强的智性，它的有形表现就是我们的物质世界。悟道之人，"人与道凝"，他不会再有与自己的关系了，一旦他放弃了这种关系，他所有的其他关系都将会是爱的关系。悟道之人，心体是一种无我的状态，它远远超越了他原先认知的自己，他比原先的他更伟大。《孟子·离娄章句下》中讲，大禹是负责治水的，只要天下有一个人掉水里淹死了，他都觉得是自己推下去的，因为是他在治水时，没在岸边把防护设施建好。《大学》中讲："大学之道，在明明德，在亲民，在止于至善。""亲民"，孔子讲，"修己以安百姓"，"修己"就是"明明德"，"安百姓"就是"亲民"。圣贤之心，以民为本，爱民保民，安民富民，顺应民心。"亲民"的核心道德是"仁"，而"孝"是行"仁"之本、之始，是仁道的起点。尽孝不是仅仅爱自己的父母，还要推己及人，爱天下所有人的父母，"亲民者，达其天地万物一体之用也。"所以，"明明德"必在于"亲民"。先圣舜的故事讲，舜常常以为自己是最不孝的，所以他才能做到孝；而他的父母瞽叟常常以为自己是最慈爱的，所以他不能做到慈。

（四）

悟道之人，他会完全从浅层意识（大脑思维）中解放出来，享有内在的宁静。但对大部分人来说，只有当感受到极大美感、极度恐惧或体力受到极度挑战时，才能引起不自主的浅层意识（大脑思维）的暂时失语。这时，思维空白才会产生。当这种思维空白产生时，突然他会感受到内心的宁静，他会流露出一种积极的情绪，一种微妙却很强烈的宁静、平和与喜悦。这种宁静、平和与喜悦是深刻的本体状态。在这种状态下，它们没有对立，是因为它们都源自大脑思维（小我）之外。要知道所有的欲望都源自大脑思维。欢乐是衍生于外在的事物，而喜悦是由内在而生的，它是人本性的一部分。大脑思维不停地从外部或未来寻求拯救或满足，以代替本体的喜悦。人们被他的私欲控制得越多，关注当下就会越少，负面情绪的能量就会越强。如果人们不能感受到他的负面情绪，切断与负面情绪的联系，长此以往他就会最终在纯生理层面体验到它们——出现生理问题或疾病。相反，如果人们深深地进驻自己的内在身体，会使人们内在的能量流形成旋涡加速聚集，形成无限的能量场，就好像每个细胞都被激活，可以提升他的免疫力，他的身体就会衰老得慢些。不仅他的身体免疫系统会得到加强，精神免疫系统也会得到加强，可以保护他不受别人消极的心理——负面情绪力量的影响。这种消极力量是具有传染性的。

更深层次自我的感知即对内在本体的感知，是人无形的和不可摧毁的本质。它将人的注意力从思维中直接转移到自己体内，这样人就可以感受到那个内在的无形的能量场，它是代表人内向生命力的本体。在人们寻求真理时，不要将注意力移到外部世界，因为在人的身体下面是无形的内在身体，是通往本体、进入本体生命的大门。一切人类智慧的核心是"本自具足"，正所谓"吾性自足，不假外求"。修身做学问，就是要反观自身，不断在内在工程上下功夫，也就是对天道、天理充满敬畏，心澄貌恭，至诚至敬，达到意识认知和天道天理同频共振。要知道"道"是精神能量的指引，"德"是精神能量的源泉。遵道重德，敬天爱人，用德无限去接近道，随着一个人德行的不断纯粹，不断深厚，达到与道的体性完全一致，精神能量的层级也会自然跃升，在更高的生命层面上呈现精神力量。当本体意识完全在合一的状态中自由创造的时候，精神能量、神性智慧就会自由流淌出来。通过人的内在身体，人们可以与自身合一生命紧密相连，可以体悟发现天道、天理，"道心惟微"的真谛，证悟智慧。

精神越宁静，力量越强大。人们用本体感知的事物，并不发生于大脑思维中，而是发生于脱离了特定肉体的意识自在的境域中。佛陀在圆寂前对弟子说，"世间复合之物必然衰朽，应勤勉修持，以求己身解脱"。通过中国传统文化指引的修身做学问的路径，知行合一，"夭寿不二"，人的本体可以体悟发现不朽的"灵在"——意密醋眼自在。人的灵魂通过信仰而脱离现实，来到"人与道凝"的境界。唯有在"人与道凝"的状态中，人们才能与生命的伟大与神秘合而为一，才可以体悟发现神圣的神秘之光——"意密醋眼自在"和"道灵"天使。万物都是一体的，而这个一体便是万物所共有的神圣的奥秘——天地万物俱在天理良知的发用流行中。

意密醋眼自在是一种纯意识自在——从思维、形式世界中收回的意识自在。在内在身体的最深处就是"人与道凝"的本体状态，像光亮从太阳中散发出来一样，它是散发意识的源头，对内在身体的感知就是意识乘着爱的翅膀而回归源头。当人们达到与内在本体联结的某个阶段后，他一听到、看到真理就顿悟，就会认出它来。这就是纯意识的能量和智慧。事实上，只有先安静下来，使意识处于虚灵宁静的状态中，人们才能真正得到内在本体所拥有的高维能量的整体滋养与通透。身心放松，精神能量会成倍增长；心怀感恩，精神能量会越来越强大；喜悦是彻底盘活一个人精神能量的秘密武器。当一个人处于喜悦状态中，他的意识是自然放松的，没有对立，没有纠结，没有内耗，意识处于自由流淌的状态中，精神创造会完全不受外界的影响；爱和慈悲是最强大的精神能量场，当人们试着对花草树木、小动物等万事万物心生怜爱之意，一体共振，他的浑身上下立马就会像充满电一样，精神能量当下爆棚，这种能量能让他的意识更具包容性、更具创造力。

就人类的本体生命而言，永恒不是指无止境的时间，而是指当下时刻。更多地关注当下、专注自己的内在，人们的意识就能更多地进入深层意识状态，感受宁静、平和与喜悦，获得幸福和快乐。所以，关注生命、专注当下，进入深层意识状态，人们才更容易回归到道德理性中来。王阳明提出的"致良知"以唤醒人们荒凉、利己、俗化之心，抵御享乐主义、虚无主义，拯救当下生态危机、道德危机才有希望。《韩非子·五蠹》中所讲的"上古竞于道德，中世逐于智谋，当今争于气力"，才可以得到有效的勘正。因为只有人们不断地向内在求解，天理良知才能常被唤醒，戒慎恐惧才能化为本性，省察存善才能成为常态，诚信中正才能成为遵从，知行合一才能真正落到实处，人类社会才能回归朴素淳庞的美好愿景。这无疑应该成为人类文明演化的本质和最终目的。

（五）

人与道凝，在万物一体、天人合一的能量场中，思维于宁静、无念之间徘徊，在这种方式下进入意识自觉创造的精神状态，内在智慧与灵感会自动流淌，思维才可能进行创造性的思考。生命一切本自具足，人们只要回到内心深处的本体状态，向内发现并将自己的天赋热爱极致发挥，就可以由单点突破而实现整体觉醒。"宇宙即我心，我心即宇宙"。当人们深刻领悟到天地同源、万物一体，就会真正感叹并主动臣服天道的神奇、智慧，就会彻底放下物我分离、对立的偏执意识，以一颗慈悲之心去尊重感恩，珍惜万事万物。因为天人合一，人们自身就是万事万物。天道为人类配置独一无二的意识功能，就是让人们至敬至诚地臣服天道，相信天道的力量，相信意识的力量。极度自信，就能全然创造。在这种状态下，思维与本体意识联结，就会有源源不断的能量供给，就能感知源源不断的灵性之光，就能创造更多的生命奇迹。一个人一旦觉醒，他就会心生敬畏，自觉地把自己的意念、语言、行为纳入"戒慎恐惧"之念中，"惟精惟一，允执厥中"，在当下的每一个"因"上用功，在源头上净化，怀真念，说好话，行善事，因果法则系统的运作精细入微。当人们臣服于天道，就会不再费力向外抓取、攀附，而是转身向内用功、向内观照，一心一意地开发自己内在的能量宝库。在待人接物和处理事务的时候，人们的意识会更为集中、更为警惕、更为清醒，办事也会更专注、更高效。当思维与本体意识失去联系时，思维缺乏能量供给和灵性源泉，会快速地枯竭。所以，伟大的艺术家，不管他们是否知道，都是在无念的、内在宁静的状态下进行创作的，即使最伟大的科学家，他们创造性的突破也都来自无念状态。当然，大部分人所从事的只是在一个创造性突破性概念体系框架下的"扫尾"工作，而这也是大量的、令人迷醉的工作。

王阳明讲，吾性自足，不假外求，每个人都是本自具足的。从降临人世间的那一刻起，身体与意识都被先天赋予了爱和慈悲，赋予了无数的光明出路与可能。每一个人都是一座巨大的能量和智慧宝藏。只要人们把自己全部的身心能量都聚集在自己的意识内在工程上，极致专注，极致内观，就能在自觉觉知中彻底远离精神内耗。一方面，大胆清理自己意识中所有的狭隘、对立的概念与定义，清理潜意识中所有的限制性信念，不断身心断舍离，努力使自己的意识回归到当下时刻；另一方面，坚持大量学习，虚心涵泳经典文化、圣贤智慧，学习一切有利于身心合一的正知正念、正见正能，不断汲取带有丰富能量与气场的智慧精髓。彻底研究所遇到问题的来龙去脉，通过不断的"集义"，让正能量全面充满自己。王阳明在朝为官时遭人诽谤，身边官僚为撇清关系疏远了他，面对如此困境，他说："君子不求人信己，自信而已。"他还给同样受到诽谤的朋友写信劝慰，不管有没有人理解你，都不能动摇自信，对来自外界的毁誉，非但不应扰乱内心，还应借此作为磨砺自己的机会。是的，"君子不求天下人相信自己，自己相信自己而已。我现在相信自己还没有时间，哪里还有心思让别人相信我"？沿着修身做学问的志向，耐心地做下去，不在乎别人的嘲笑、诽谤、称誉、侮辱，只要功夫没有片刻停息，时间久了，自会感到有利，也自然不会被外面的任何事情所动摇。只要身心中正，光明磊落，做事不偏不倚，外界的怀疑、侮辱、诽谤、诬陷，终有真相大白之时；而自己可以通过修身磨砺而成就一颗通透光明无私之心，成为一个至真至朴、高尚纯粹的人。

人贵在自我修养，假若自己确确实实有一颗圣贤之心，纵然别人都来诋毁他，也不会对他有影响。正如浮云遮蔽太阳，它们怎么可能对太阳的光明有所损害呢？一个人内心足够强大，无论外界发生什么，都能从容应对。假若他自己只是一个表面端庄而内心龌龊的人，即使没有一个人说他，他的丑恶总有一天会暴露出来的。孟子说，"有求全之毁，有不虞之誉"，意思是，有意想不到的荣誉，有追求完美而受到诽谤的。毁誉是外来的，怎么可能避免？只要有自我修养，毁誉又能怎么样呢？但如果我们没有体悟的话，常常会掉进死要面子活受罪的坑里而不能自拔。

守道即修道，是证悟智慧的前提。诋毁诽谤是外来的东西，即便圣人也难以避免。摆脱外在的桎梏，遵从"惟精惟一，允执厥中"去生活、去工作、去爱一切可以爱的人和事，当我们在现实浮沉的时候，就依然能够保持本心，勇敢担起生活的重担，成为内心中那个优秀的自己。如果机缘巧合、上天眷顾的话，也许还可以体悟发现天道、天理，证悟智慧，体验出世间的宁静、平和与喜悦。

　　绝对的全神贯注，绝对的平静，会使人的整个存在、人体内的每一个细胞、所有的注意力都集中在当下。身心归位，合一中正，在天理良知的指引下，在天地间浩然正气的强力支撑与深刻滋养下，通过信念系统的重建与升级，就会建起如如不动的精神内核，树立起顶天立地的精神中脉。在这种状态下，没有紧张、恐惧，只有警觉的本体——"灵在"，这个内在的本质在那里闪耀着光芒。在这种状态下，超越外在形式之美是那些不可名状的东西，那些叫不出名的事物，那些深沉的、内在的、神圣的东西，只要美好的事物出现，他都会看到它、感知它。对于美的感知，只有完全处于内在的本体状态才有可能，因为与内在本体相连的大本大原，是我们不断创新创造用之不竭的源泉。更重要的是，他们以出世心做入世事，全然把自己的能量灌注到自己的天赋与热爱中，在内在神性智慧的流淌中进行着喜悦的精神创造，在心神合一的境地中呈现着全部的自己。他们自觉对外境中发生的一切负起责任，无论外面发生什么，都能快速找回自己，实实在在地在自己身上寻找答案。他们一心一意地去完成自己，让自己成为爱、成为光源、成为贯通一切的正能量，以灵动透明的高维能量场自动影响改变着周围环境中的人、事、物。当这种纯意识的能量流达到极端充沛的境地，内在本体意识任由驰骋时，不思而得，不勉而中，心思满盈，当用则用，当止则止，合乎节度，这是艺术家创作的最佳状态。随着能量层级的跃升，身心和谐共振，宁静、平和与喜悦成为他们的常态，成为他们自动自发的潜意识。合一中正，无我利他，在万物一体、天人合一、人与道凝的能量场中，他们开始进入深层意识自觉创造的精神频道，在心神合一的美好状态中，内在智慧与灵感自动流淌。深层意识状态，偶尔会发生无法自控的纯意识能量溢出，出现意识反讽现象——圣人最神秘、最智性、最开心的微笑。在外人看来，这种现象是在没有任何缘由情况下突然出现的，且持续时间很短，一般只有一两秒钟便被无条件地收回且戛然而止。当事人会迅速恢复常态，表现得若无其事。之所以称其为意识反讽，是因为圣人心体状态，属于内在自我的深层意识，具有宁静、平和、专注、无我的人格，在极少极特殊的情况下，被外在同层级意识能量流所激（本体感应），才会发生意识能量流溢出，出现无法自控的最神秘、最智性、最开心的微笑，把内在本体的智慧和活性显露出来。

面对伟大的艺术创作，思维是尴尬的、无能为力的。思维是窗口、工具，是意识的浅层。信仰的力量和当下时刻，是可以打开心灵的一扇窗，通向心灵的深处，找到意识的本源，开启知识的宝库，并获取智慧。马丁·路德讲，人只能通过信仰得救，这是"无法用金钱交换的"。柏拉图在《理想国》中说，一旦灵魂在某一具躯体内醒来时，它便忘了所有的完美的理型，涌起一股回到它醒来领域的渴望，"一种回归本源的欲望"。从此以后，肉体与整个感官世界对它而言，都是不完美而且微不足道的。灵魂渴望乘着爱的翅膀回家，回到理想的世界。它渴望从"肉体的枷锁"中挣脱。柏拉图在这里描述的，是一个理想中的生命历程，因为并非所有人都会释放自己的灵魂，让它踏上回归理想世界的旅程，"所以他们只能看见一匹又一匹的马，却从未见到这些马所据以产生的'完美马'的形象"。而后者正是悟道之神圣所在。

思维会习惯性地否认或抗拒当下。它总是以过去和未来时间为存在空间，如果没有思维时间，思维无法发挥自己的作用并对人进行控制，所以它视当下时刻为威胁。为了维持控制，思维不断地利用过去和未来来掩盖当下时刻，从而与当下密不可分的本体的生命力和无限创造力就被时间消弭了，而人的真实本性也被思维混淆并抹杀。进入内在的本体状态，在这种无念状态下的意识是纯意识，是在一个更深层次出现的意识，它就像太阳永远比烛光明亮一样，本体中的智慧远比人的大脑来得丰富。每个人都是独一无二的存在，每个人都有自己的身心状态与特点，关键是要找出那些最能激发自己内在本体能量的能量源，建立自己的能量增益系统并真实实践。最高级的能量源一定是来自内在深层的本体意识。内在本体的生命力和无限创造力，以及人的真实本性只有在纯意识状态下才能被展现出来。内在宁静平和、停止大脑思维的无念状态，是创新创造的平台和源泉。绝大部分人不具有创造性，不是因为他们不懂得如何去使用思维，而是他们不懂得如何停止思维。所以，艺术家乃至科学家都应当把生活重心放到当下这一刻，进入内在的本体，让他们的内在本体的生命力和无限创造潜力释放出来，才能有所发现，有所创造。当全世界的人们都把生活重心放到当下这一刻、进入他们内在的本体的时候，全人类的本体的生命力和无限创造潜力就会被释放出来，这个世界将会充满活力，真正成为充满智慧的社会。同时，这个世界才能彻底实现人与人、人与自然的和谐共生，民族间、国家间才能真正实现和平共处。因为全世界所有的人实现用内在本体进行沟通互动，世界会充满爱。正如孔子所说："圣人感人心而天下和平，观其所感而天地万物之情可见矣。""圣人久于其道而天下化成，观其所恒而天地万物之情可见矣。"这应是人类最美好的愿景。

（六）

天道是万物的无形源头，众生的内在存在。生命是人内心最深刻的存在，是圆满而完美的。"意密酣眼自在"状态，完全是按照中国传统文化指引的修身做学问的路径，通过把《尚书·大禹谟》中"道心惟微，人心惟危，惟精惟一，允执厥中"十六字圣人心经奉为圭臬，把虚心涵泳文源、在逆境中磨炼、下足慎独功夫、彻底研究问题等有机结合在一起，"夭寿不二，修身以俟"，而达到的境界——"人与道凝"——真理成为永恒（这不是一个概念上的真理，而是一个超越形式的、关于永恒生命的真理）。还有对天理良知和智慧的证悟与发现。人们要么直接地体悟发现它，感受万事万物神圣的本质，了解所有的一切都那么神圣，要么不知道。这的确是一个奇迹。它既不是"苦修"，也不是"灵修"，但确有与"苦修""灵修"相通之处。有一点可以肯定的是，只有在人对产生的思想、观念、理论痴迷并成为信仰，并知行合一用心实践，思想、观念、理论才可能照亮他的心灵，才可能使他获得神奇的体悟和神圣般的启示，并使他获得看到真理就顿悟的内在智慧。这可以从字里行间去感受震撼人的心灵深处的存在。信仰并为信仰而坚守，知行合一，"夭寿不二"，是修身做学问而达到悟道境界的不二法宝。

只要下足修身做学问的功夫，就能逐渐达到内外两忘的境界，从而达到我与万物一体的精神境界，天人合一，进而体悟发现天道、天理、"道心惟微"的真谛，自然就能体验无内外、无善恶的心体状态，就可以体验到自我就是那神圣的神秘之光。若有内有外、有善有恶，一句话只要有丝毫的有思有为，心体就会出现"渣滓浑化一般"，这便是圣人心境、圣人的心体状态（王阳明称此为"常如夜气一般"，没有丝毫污染时的心体状态）。这些体验不能仅依靠你的聪明智慧去理解，修身做学问都是讲的在世间做事，都是有为的，但在讲到体悟发现天道、天理、"道心惟微"的真谛，证悟智慧的时候，这就讲到本源了，已经是出世间了，所以就不能用世间的感受来体会，否则很难理解。其实，儒释道三家，都讲本源，讲天道、天理、天命、良知，这是根本的问题，如果没有这个根本的问题，他们讲的东西根本就立不住。虽然他们讲的有点不同，但在本源这个根本上，的确都是一致的。中国的儒家、道家，以及佛教中的禅宗，从根本上来说，只是一家。这正是众流奔涌，出自原点。天道茫茫，进入自己的精神世界，去思考萦绕在内心中的问题，这里只有存在，没有神。

在春秋之前，孔子和老子之间经常互通有无，儒道是不分家的。禅宗的产生也是因为"四书五经"。据说当年达摩在印度看到了《易经》，认为正法在东方，所以，才把佛教带到中国，并与儒家思想相结合，形成了独具特色的禅宗。佛教要解脱痛苦，儒家追求孔颜之乐，禅宗讲明心见性，都是要回归本体之乐。道家用"虚"来描述天道，圣人不能在这个虚上加一分一毫的"实"；佛教用"无"来描述道，圣人也同样不能在这个上面加一分一毫的"有"。所以，儒释道三家，原本是一家，任务都是认识、适应自然大道。

但道家讲本体的"虚"是从养生方面讲的，佛教讲本体的"无"是从脱离生死轮回的苦海方面讲的，他们都在本体上加了一些养生和脱离苦海的私意，只有儒家圣人之学是还原天道本体，不夹带一丝一毫的私意。一切的有形有相的东西，都是在天地的太虚无形中发用流行，从来未有过天道的障碍。所以王阳明讲，天地万物都在我自己良知的范围之内，何曾有一物是超乎良知之外，而成为障碍的呢？他是指圣人体悟发现天道无极，万事万物都是在天道中发用流行，无一例外。这便是他讲的"心外无物、心外无理"。但是，正因为儒家圣人之学只是还原天道本体，不夹带一丝一毫的私意，修身做学问没有私意具象化的目标，所以，入门更具挑战性。也许，这正是《文心雕龙》所要求的一切语言文学要"本之于道，稽诸于圣，宗之于经"的缘由，得失、苦乐、顺逆、修悟皆是缘，天命满缘，化育天成。这个"道"或"神"是决定世界一切变化的、无形的、最终的依据。因此，《原道》中讲，"原道心以敷章，研神理而设教"，正是圣人著述经典的根本原则，就是圣人没有不根据自然之道的精神来铺写文章，钻研神奇的道理来施行教化。《易经》中讲，"圣人以神道设教，而天下服矣"。因为有大本大源，横说竖说都在理的缘故。

佛教认为，世间一切皆是虚幻，唯有生命中的"自性"才真实存在。这里的"自性"就是《黄帝内经》中的"神"，也就是内在本体。人们应该注重发扬内在的"神性"，而非外在的"气质"，"气质"来自七情六欲，是表面的假象，而内在的"神性"即内在本体才是生命的本真，它连接着天地大道。生与死只是相当于内在的"神性"在不同的容器中轮回变化而已，如同江水归海，并无增减。放下外在名利的执念，回归生命的本真源头，忘却自我，融入天地大道之中，方能达到圣人的境界，超脱尘世，与天地合一。北宋哲学家张载提出，"太虚""元气"是宇宙的根源所在，生命也来自"元气"，与宇宙同源，与天地万物同源，人们不能迷失于外在的名利中，而是要发扬内在本体的"神性"之光，回归生命的本真。因此，追求生命的意义和价值，人们应更多地关注本体生命、专注于当下时刻，不应沉溺于物质上的享受。常言道，够用是富，不求是贵，少病是寿，淡泊是福，知足是乐。关注生命、专注当下，把日常的一切意识自觉用到修身做学问上。只要人们能够对生命、当下有所觉知，修身做学问所具有的那种吸引力，会使人心向往之。以对当下的觉知来采取行动，他的意志力和行动的自觉会达到完美的统一。无论他做什么，都会充满活力，并获得源源不断的能量供给，都会充满美德、关怀和爱。当下时刻，专注于学思践悟，做到"有事时省察""无事时存养""夭寿不二"，本体的喜悦会进入他所做的每一件事情之中。不用担心行动的结果，仅仅关注行动本身，行动的结果总是会自然而然地产生。当这变为人们的存在状态时，他们会始终与喜悦和快乐相伴，人们的生活境遇也会发生好的转变。因为他要么成功了，要么正走在通向成功的路上。

悟道之人，他的心体是一种"感受和理解"的合一状态，更有亲和力。在人与人之间的关系问题上，人只能通过内在的本体才能感受别人的本体，这体现的就是合一，合一才是爱的开始。在现实社会中，大多数人是用大脑思维互动，这就是为什么在日常生活中，普遍存在人与人之间虚情假意，敷衍塞责，看似和合，其心离离。更有甚者，表面一套，背后一套，当面说好话，背后下毒手，违背天理良知，与诚信渐行渐远。因为大脑思维，很容易被利益驱使、被"虚幻"绑架。人生难得一知己。所以，与人交往时请不要用大脑思维，学会以心换心，人类只有在心体合一所组成的纯净的无思维空间里相互沟通，才能实现人类文明回归淳庞朴素的大同景象——和合。这才是诚信、厚道的本质。

宇宙只有通过人类，才能知晓它自己。因为人类，宇宙的神圣目的才能展示出来。空间在人体之内对应的是寂静——无限深入无念的领域；时间在人体之内对应的是"灵在"——永恒的当下意识。寂静、"灵在"，"人与道凝"，这里是爱播撒的地方，也是爱的源头。爱不是一扇大门，它是人进入内在本体感知并带回这个世界最为宝贵的东西。修身做学问的任务不是去寻找爱，而是寻找一扇通往爱的大门。

真正的力量是在人的内心深处，人们一旦拥有了它，所有争论和权力斗争就会终结。然而，在现实社会中，这些争论和权力斗争，每时每刻都在破坏着人与人、人与自然，乃至民族间、国家间关系，而且破坏力极大。从某种意义上说，"人类是一个精神失常并且非常病态的物种。这不是批判，而是事实"。想要凌驾于他人之上的人，只是用权力掩饰软弱。只有在人们追随他们的天理良知，做道德上的抉择，他们才有自由意志可言。只有他们服膺宇宙普遍存在的"道"，他们的行为才是真正自由的。如果他们只过着感官动物般的生活，他们就没有自由可言。心不正，意不诚，事情做得再好，也不过是孔子不屑的"乡愿"——见君子媚以仁义，见小人甘愿同流合污。

古人说，心若不动，万事从容。只要一个人内心足够强大，无论外界发生什么，他都能从容应对。真正的道德行为是在克服自己的情况下所做的行为，只有那些纯粹是基于责任所做的事才算是道德行为。人们的行为是否合于道，取决于他是否出自天理而为之；人们的行为是否合于德，取决于他是否出自善良而为之。这些都并不取决于他的行为后果。只有人们确知他们纯粹是为了天理良知道德法则而行为时，他们的行为才是自由的。古人云，至诚如神。《孝经》中讲，"人之行，莫大于孝"。世间所有的善行没有比孝道更重要了。孔子说："夫孝，德之所由本也，教之所由生也。"修身做学问，"大本""达道"，追根溯源，尧、舜、禹，忠孝之至。修身做学问的意义在于德行之自成，道德遍行于天下，道德美好的功业成就了，奢侈淫靡之风也就自然消失了，此乃光景之至。

"知之匪艰，行之惟艰。"知是行之始，行是知之成。这是中国古代圣贤的教诲，恩赐予人类的财富。

第十讲

鲜明浓盛之情

百死千難心如松堅

（一）

    2023 年 7 月和 8 月，北京遭遇了历史罕见的极端强降雨天气。这场降雨给北京市带来了严重的洪涝灾害。有一天深夜，狂风大作，电闪雷鸣，暴雨如注。当我从睡梦中被惊醒，站起身来关窗时，一道照彻夜幕的电光，不仅让我顿觉上苍的狰狞与不公！也让我感到老天的至诚、至明与至公！正好三周年，这三年真像是"向下沉潜，沦落大幽国；向上浮游，凌越北斗星"。志介介、计专专、路茫茫、如行行。修身做学问，堪比炼狱！那一刻，从内心深处一下子涌起一股冲天的怨气，直达天庭！但很快，这种悲情戛然而止，身心又完全归于平静。我想，这也许就是所谓的"天选之人"的命运吧。孟子曾经说过："天降大任于斯人也，必先苦其心志，劳其筋骨，饿其体肤，空乏其身，行拂乱其所为，所以动心忍性，曾益其所不能也。"就是让你身心遭受重创，在生死边缘徘徊，在感情亲情里受挫，在事业工作中失败，九死一生，脱胎换骨，重新塑造一个不一样的自己。王阳明提道"百死千难"，何其是哉！尽管洞若观火，但也小心翼翼；看似心境坦然，却也隐忍无限。电闪雷鸣，似战鼓催征；风雨交加，也直心而行。当觉察到自己格局狭隘、认知不足的时候，下决心破局，挣脱束缚，走出"小我"，挣脱束缚自己的枷锁，毅然决然不再循着他人脚步亦步亦趋，终于为自己灵魂的充实和自由争取了成长的空间，赢得了更多的极为宝贵的时间。"暇满难得"，专注当下就能与生命接触，关注生命必须专注当下。一旦探入自己内在本体的深处，那个千百年来人们苦苦追寻的宁静、平和与喜悦之境——纯意识临在状态，令人心向往之。知识可以传授，智慧只能自己体悟。在生活中学习，发现自我，看身边的事物都觉得异常可爱鲜活。打开全身每一个细胞去觉知，生活是道场，直心也是道场。人生云遮雾障，知易行难，但没有过不去的坎。狠下功夫抛身入局，尝遍人间百味，痛彻心扉换来真知灼见，虽"百死千难"，却也值得。人们渴望、追求、喜悦、痛苦……所有的烦恼症结都在于自己的内心。需要在心上学、在事上练，在心上升维、在事上降维。需要从高高在上的优越，到跌落红尘饱经生活的摔打，品味人世苦乐，实现自我蜕变。让实践与感悟共存，达到内在高维、外在降维，一张一弛，充满弹性的生活。需要做到任凭世事沉浮，从不迷失自我，坚持再坚持，从来不言弃，在平凡中滋生挑战的勇气，提升认知，升维自己，活在当下。只有不被生活巨浪淹没，不在泥泞中沉沦，才能创造更有意义和价值的人生。

淡泊怡静之志，抒发出鲜明浓盛之情。2023年9月中旬的一天凌晨，我接连几次从内在本体发出呼唤："直心而行，不定义，不分别。"我再一次经历了生命中异常奇特的感受，一个震耳欲聋的声音，声音如此之大、如此之清晰，以致我从床上坐立起来。我永远不会忘记这种震撼内心的感觉，也永远不可能向那些从未有过这种经历的人描述清楚。所以，能够不定义、不分别，就是心中持有至善之念，也就是儒家所讲的"人欲净尽，天理流行"，就是以天地万物为一体，把天下人看成一家人。能够把天地万物当作一个整体，这不正是儒家所讲的圣人心中的仁德之境吗？这种仁德与天地万物是一个整体！早上起床洗漱时，眼前闪现出一个万道归一之世界大同理念。我兴奋不已，顿觉开悟了，疑惑解开了，一切通透了！这就是，必须从"德"字升级上下功夫，通过每一个人的积极努力，从本自具足的圆满而完整的内在本体的觉知中，找回千百年来人人心向往之的宁静、平和与喜悦，并获取源源不断的高维能量，助力人们向心用功发力，实现移风易俗、教化流行。人们淡泊怡静、不染不移，没有贪欲、没有忧愁、坦坦荡荡、至真至朴，人人拥有纯洁的胸襟，动静知道节制，仁义礼智信，不约而行，这不就是大同世界的美景吗？当天早上我在开车上班的路上，突然间一股五味杂陈涌上心头，"百死千难"，一个"德"字升级，一点感悟，三年清苦，真的来之不易！这不禁让我再次想起北京冬奥会冠军徐梦桃在分享她获得冠军时的心情："就想哭！来之不易！但值得！"

（二）

从老子《道德经》开始，"道"和"德"就成为中国传统文化的两个核心概念。而时至今日，在中国传统文化的语境下，从某种程度上讲，"道德"的内涵，早已被儒家文化的"仁义"道德所取代。道德降维于日常的"仁义"，与仁义成为同一层次。这正是"天道远，人道迩""六合之外，圣人存而不论"长期演绎的结果。长此以往，局限在三维世界里的人们，只能理解"仁"和"义"，不能明了"道"和"德"，更是无视"有之以为利，无之以为用"的深刻内涵。

中国传统文化讲的"道"，是天地万物的本源，即终极真理。大道产生于天地之先，是开辟天地之始；大道产生于万物之前，是生育万物之母。"道"不是口头上的空谈，而是实际的存在，是真实可见的，但只可以直观体验。修身做学问，达到圣人境界，也就是天人合一、人与道凝的境界，就可以体悟发现。中国传统文化讲的"德"，包含道德、品德、美德、功德等多种含义。《论语·为政篇》中说："子曰：'为政以德，譬如北辰，居其所而众星共之。'"这里的"德"就是道义和品行。《史家·孔子世家》中说："孔子曰：'吾所以为人也，以忠信行。'"这里的"信"就是诚实守信，也是一种品德、美德。《史记·韩信卢庄列传》中说："韩信者，淮阴人也。以孝惠帝时为楚将，功冠三军。"这里的"功"就是功绩和贡献，也是一种德：功德。体悟发现"道"，"德"是基础，"道"是"德"的升华。没有"德"的基础，为人处世、治家、治国，很可能都失败，就没有能力去"修道"。所以"修德"是为"修道"创造良好的外部环境；"修道"者更需要拥有宁静的心境、超脱的人生，这也是缺"德"不可的。

甲骨文	金文	小篆	楷书

"德"字形演化历程

"德"字的甲骨文字形，左侧上方是一个"Ⅴ"，下方是一个"＞"，表示能量和气流，表示天道的能量在天地间从天下降，人承受以后再布施出去，能量在天地之间，在人与人、人与物之间双向互动。在"德"字的右边，下面是一只"眼睛"，"眼睛"上面又用了很长的一条竖直的线，表示用眼睛看着天上，接受天上的信息，照着天意大道规律去为人行事，同时，这个"丨"也含有正直的意思。这只"眼"并非肉眼，而是指慧眼。甲骨文的"德"字深刻地表述了德的内涵：德能是大道所生，德的能量又长养万物，从天获得而又释放给万事万物，只要用自己的慧眼保持与大道的一切联系，去遵循、去观察、去捕捉这种规律性，凡是符合天道、符合大道的，去思、去想、去行，就是德。在后来字形的演化过程中又加了"心"，含义更加明确，即"直心而行"。

"直心而行"，从传统意义上说，"心"分为"道心"和"人心"。这二者虽有不同，但却都存在于每一个人的个体生命之中。"道心惟微"，是说如果没有强大的内心，没有深入的修为，此心一般不会被察觉，虽然它一直都在，但却静若处子，似有若无。尽管如此，它却始终在不知不觉中发挥着自己的作用。就如同房子，道心就是这房子的空间，虽然空空如也，却能成就房子的构造，没有它，就不可能成为称其为房子的房子。"人心惟危"，此心是我们在现实世界中最为广泛应用的，所有的概念、情绪、思考，以及认识和理解现实生活，都源于这个"人心"。它不但包含一切事物的两面性，还包括两面性中间的模糊地带。因此，人心看到的世界要么是白的，要么是黑的，要么就是灰色的、模糊的。这些不同的感受并不是一成不变的，它是跟随"人心"的喜好、情绪、对象、环境不断转换的。比如，同样一个人或事物，你有时会喜欢、有时会讨厌、有时又会感觉这人这事非常陌生。这就是"人心"在现实生活中的表现。换言之，这个世界之所以在你眼中产生不同的模样，并非它们真的如此，而是取决于你的"人心"。而"道心"恰恰相反，动合无形，与时迁移，应物变化，自然而然，无私无欲，这个世界上的万事万物是什么样子，就是什么样子，不定义，不分别，在它眼中，既不是黑的，也不是白的，更不是灰色的、模糊的，而是相信并承认它就是那个样子。这种状态是一种允许、接受和包容。它使人精神专一。如果说，我们对未来的向往是一种希望，那么，真正的希望一定是来自"道心"，"人心"产生的希望，撕开它的面纱就会发现，在它背后隐藏的一定是"欲望"。

俗话说，哀莫大于心死。许多伤心到极致的人都喜欢用这句话来表达内心的感受，在通常情况下，发出这样的感慨，往往来自被他人的"人心"所伤，或者被自己的"人心"弄得不知所措。因此，这种"心死"，实际上只是"人心"换了一种方式继续在你身上重现。真正的哀莫大于心死，是指再也感受不到"道心"的存在，反而完全彻底地陷入"人心"之中。在这种情况下，你"人心"中的事物不再有两面性，只有利弊得失之分，人性中的"恶"便会掌控你的生活。所以，"哀"既包含失去"道心"的可悲，又包含"人心"彻底沦丧的结局。古人云：心不死，道不生。是指"人心"不除，"道心"难生。这里的"除"不是指清除，它更多的是指"不被左右"。总之，从广义上来说，无论个体之间有何差异，在面对和理解生活、面对和处理问题上，只会有两个源头：道心和人心。

人心总是比较强势，道心比较弱势。所以，圣人说"人心惟危，道心惟微"。老子曾讲，是以兵强则灭，木强则折。强大处下，柔弱处上。"人心"主导人生的习惯一日不改，"道心"就不会显示出强大的力量，这种力量是"人心"所不能理解的。"人心"不收敛，"道心"难彰显。因为"人心"面对的是一个错综复杂的、变幻莫测的世界。"道心"创造的则是一个让你与一切融为一体的世界。更为重要的是，在这个一体的世界中，唯有人说了算。因此，修行就是修心，修到"人心"不再说了算。但凡"人心"尚存一丝蠢蠢欲动的能量，"道心"都会偃旗息鼓，这是由它的属性决定的。

《道德经》中讲，化而欲作，吾将镇之以无名之朴。也就是"致虚极，守静笃"，以"道心"制"人心"。沿着大道，直心而行，不定义，不分别，正为此意而来。真正的修行，是超越文字和形式，直接指向人的内心的，让人直接体验到生命的真相。真正的追求不是外在的物质和名誉，而是内心的真实和清静。真正的幸福和满足不是来自外部的物质和名誉，而是来自对生命真相的理解和内心的平静，这是幸福和快乐的前提和基础，也是幸福和快乐无形的、不可摧毁的力量保障。沿着大道，直心而行，不定义，不分别，还可以引申出不偏不倚的"中道""抱一不二"等含义，这便是"惟精惟一，允执厥中"。直心而行，行于大道，这就是"德"。

"德"字在不同哲学文化时期，具有不同的修身治理境界的解释。

在慧识哲学文化时期，甲骨文、金文的"德"字结构里没有"心"，因为那个时代的人，心无其心，身无其身，湛然寂静，还是处于性识治事阶段，尚未下滑而出现"去性从心"，因此德未生心，能够迅速将自己的智慧之眼与宇宙大道和自然法则紧密地联系起来，全面地掌握，并且很好地加以运用，服务于社会和众生。这一时期的"德"可以称为"慧识之德"或"性识之德"。

在智识哲学文化时期，人类去性从心，性识、慧识退化，智识心从此而起，心里面有了污浊，就要正善修心了。要使心平静、宁静，通过静而达到定，才能充分地展开慧识，确保智慧之眼能够与天沟通，去与天地相合，获得德的能量并且观察它的规律，及时地掌握自然的法则、提醒、警示等，调整自己的行为，服务于社会大众。这一时期的"德"可以称为"智识之德"。

到了汉代以后，"德"字的构形就完全堕落到意识哲学文化的层面了。在意识哲学文化时期，需要具备十种善心：忠孝心、好善心、慈悲心、平等心、博爱心、教化心、忠恕心、和蔼心、忍耐心、勇猛心；遵守四种行为准则：非礼勿视、非礼勿听、非礼勿言、非礼勿动，而且要一心做到为众生服务，广积善行，才能具备德。德，在意识哲学文化时期已经被人格化和矮化了。这一时期的"德"可以称为"意识之德"。

对照传统文化三个时期的"德"字可见，无论是教育还是治事，都需要进一步在"心"字上下功夫、找出路，通过"心"修身明德，才能实现真正的德育，达到真正的德治。德由道所化生，既是人类必须具备的做人品格，同时又是滋养生命活力与健康的能量，这个能量需要主动打开自己的身心去认知。

《中庸》告诉我们，天地之道，一"诚"字而已矣。本书第十三讲中道，"无极之诚，太极生生。诚者，圣人之本，物之终始，而命之道也"。太极之有"动"与"静"，彰显的是无极化生太极具备"诚之通"与"诚之复"的道理，这是万物之所资以始、万物各正其性命的自然规律。还讲道："圣人太极之全体，一动一静，无适而非中正仁义之极，盖不假修为而自然也。"仁义中正，同乎一理，就是讲的圣人无非具备"诚之通""诚之复"的德行。宇宙万事万物都是有灵性的，不仅仅只有我们人类能够意识到自己的存在。无论天地如何高远广大，如何神奇多变，唯有至诚是维系其永恒性的真正本质所在。心诚意正，则能通彻天地。无论你做任何事情，只有心诚意正，才能获得成功。孔子说："受命于地，唯松柏独也正，在冬夏青青；受命于天，唯舜独也正。幸能正生，以正众生。"自然界的松柏，人间的舜帝，堪称天地正气的代表，所谓"幸能正生，以正众生"。也就是"古之至人，先存诸己，而后存诸人"。古代的圣贤，都是自己的道德修养有建树方能扶助他人。尧舜针对人性的偏激之弊加以"矫正而调剂"，确定了以"中道"为核心的道统和以尚"中"为教育的教统。从夏朝起到清朝灭亡，中国历史上一共有 25 个朝代，在漫长的历史中，由尧舜传承下来的"允执厥中"这一"中道"立国传统，若隐若现，时断时续。一般而言，遵循"中道"则王朝兴盛，背离"中道"则王朝衰亡，历代王朝大都逃不出"得中"所产生的因果律。

《礼记·中庸》中讲："道也者，不可须臾离也；可离，非道也。是故君子戒慎乎其所不睹，恐惧乎其所不闻。""惟精惟一，允执厥中"这一中道观是尧舜的体悟发现，是儒家所说的"喜怒哀乐之未发""发而皆中节"的大本大原，充分彰显了中国传统文化所讲的"人与道凝"的境界。反身以诚道之动，诚敬存之道之静。人贵有自知之明，在看待一切人和事时都要心存敬畏，"致良知"就是要用良知去辨别善恶是非，去格物。良知，就是指人们的心没有一丝一毫的私欲遮蔽，可以说照天照地，没有什么不是"中"、没有什么不是"和"的，因此也称为"达道"，即具有普遍意义的天下所共有的准则——天理良知。良知本身并不代表着善，它只是一种辨别善恶是非的能力，就像一面镜子，镜子本身是没有善恶是非之分的，物体是什么，镜子里面透射出来的就是什么。人们不仅需要将平日里那些好色、好利、好名的私欲杂念去除掉，不能留下一丝一毫的杂念，而且更需要通识达道，才真正具有辨别善恶是非的能力，他们的心才能做到像明镜一般光亮。王阳明讲，良知是每个人心所具足的。

（三）

意识是天道的本质，通过生命形式的显现，人类的神性本质就是人们的纯意识。当人们"反身以诚"做你自己大脑思维的观察者时，你就把自己的意识从大脑思维形式中抽离出来，其结果，使超越形式的纯意识变得强大起来，而原来你无意识下的大脑思维则会消弭。这里所讲的观察思维，实际上是通过你自己把你的意识从无意识的大脑思维形式认同的梦幻中唤醒，使意识脱离了形式，这里称之为"意识临在"。意识临在的本质，是人的大脑思维不再成为无意识状态下的生命常态，使人的内在本体（通常称为"心神"）真正成为人自身的主宰。这里讲的"意识"虽然不完全等同于"内在本体"，但它是内在本体的"灵"，也可以说，它是内在本体的感知窗口，始终与内在本体链接在一起，但它是无思无为无我的。

现代神经生物学家把大脑划分为大脑皮层及快速反应脑边缘。现代医学已经证明，大脑皮层是我们用来思维的，它使我们与其他动物区分开来；快速反应脑边缘是情绪中心，它是我们与其他哺乳动物都拥有的。现代医学也已经证明，大脑机能通常是在我们的意识以外运行的，大脑思维和人的情绪通常属于无意识，或者最多只能算是潜意识。当意识从你的身体和心理认同中解放出来时，意识就变成了纯意识。其所处的状态为"意识临在"。这里所说的"纯意识"是指由人的内在本体主宰人的身心时的生命状态，其实质就是《道德经》中所讲的"致虚极，守静笃"的状态，也就是除了戒惧之念外，无思无为无我的状态。这就是王阳明发明的让人们难以捉摸把控的"人心具足的'良知'"状态。它本身不是善，但却具有辨别善恶是非的能力。在这种状态下，王阳明所说的"良知"不会有一丝一毫的遮蔽。这一意识结构发生的变化是革命性的——这是一个深具人类生命意义的大事变，亦即"反身以诚"的"德"字升级的大事变。它使"德"字从"慧识""智识""意识"演化至"纯识"阶段，即"纯识之德"。纯识之德，不需要具备多少种善心，不需要遵守多少种行为准则，就能具备"德"。因为它无思无为无我，但却天人合一、与万物合一。

"纯识之德"预示着人类从他们进入了时间和思维的领域以来，由于丧失了对内在本体的意识，断绝了自己与内在本体的源头，以及与他人之间的合一联系，一直被痛苦折磨着的终结，预示着一个为千百年来诸子百家所苦苦追寻的大同世界开辟了一条现实的途径，即通过"关注生命、专注当下、意识临在"，实现"直心而行，不定义，不分别"的升级版的"德"。这是一个"德化"机制和路径的变革,"德"字升级的本质,是引导人们的一种新的生活方式,即"关注生命"——内在本体的感知艺术,使意识与内在本体链接——感知宁静、平和与喜悦,获得源源不断的高维能量并成为自己生活的常态。与内在本体链接的状态,会改变和深化人们的生命,使人们感知到生命所具有的一种无形的和不可摧毁的本质。如果人们能够尽可能多地将注意力集中在身体内部,也就是当人们对内在本体的关注越多、投入的意识越多,人们内在身体的振动频率就会越高。在这个高维能量场中,消极心态再也不会影响到人们的生活,人们就可以安住于当下。在这种生活方式下,人们的自我感来自内在的一个更深、更真实的地方,而不是来自人们的大脑无意识思维,人们再也不会在外界迷失自己,再也不会在思维中迷失自己。这种生活方式会使人们成为纯意识控制的生活状态,即"意识临在"的生活状态,人们随时可以进入自己的身体,这才是真正的深刻自我生活体验,人们可以从那里感受到来自内在本体的梦寐以求的宁静、平和与喜悦。每个觉得自己要活得更好、过得更开心的人,都应该遵从升级版的"德"字的指引,自觉拥有"纯识之德"的德行。

"专注当下",每一个人都自觉把修身问学作为自己生活的常态,中正仁义而主静,幸福和快乐常在。当下是人们唯一真实拥有的东西,尤其是人的生命也只有在当下才是真实的。尽量将注意力集中在你正在做的事情上,但同时做自己思维的观察者,尽可能地感受内在身体,把注意力放在我们内在身体的能量场上,有觉察力地安住于当下。所谓觉察力就是观察自我的能力。事实上,当你有此觉察力的时候,你的大脑思维(思想)就会停止,一切的愤怒、伤心、悔恨、愧疚等情绪,以及压力、焦虑、恐慌都会消失,进入这种状态,唯有宁静、平和与喜悦。这看起来很神秘,但如果我们越多地接触它,就越能感受到生命的能量,也就越能在"外显世界"中过得更好。也就是说,作为你最深的自我和真实的本质,你可以在每个当下接触到它。只有当你的大脑思维处于静止时,你才会体悟到它的真正含义。当你的思维处于静止时，你的注意力完全集中在当下时刻时，你就会感受到本体生命的力量和纯意识的自在。更重要的是，你潜入灵魂深处去感受那份震撼心灵的能量，去领悟在真理启迪下的内在智慧之美。因为内在本体是与一个非常广大、浩瀚、神圣的东西——"道"相联系的合一生命。

正像《道德经》中所讲，大千世界中的一切生命都为"道"所主宰。一切生命都只有当下的存在意义，而没有原始的或终极的纪念意义。生命是短暂的，人们应该如何度过自己的一生？人们的思想和意识停留在对过往或未来的期望上，则真实的生命被荒废，且往往只是徒增烦恼或恐惧不安。在这种情况下，人们与"天道"渐行渐远，德行丧失，也只有在这种情况下，道德标准才有价值。

"德者，得也，常得而无丧，利而无害。"德是一种收获，经常有收获而不失去，是利物的，没有害处的。世间的任何事物都是由道而生，"德"是"道"的属性，自然而然应该合乎大道的德行。唯有通过"道"，才可"常得"。"关注生命、专注当下"，直心而行，与内在本体链接，实现"意识临在"的生命状态，合一而和平，它与生命，以及它所显化的世界合一，是一个圆满的境界；同时，与你最深的自我的未显化的生命，也就是内在本体合一，这就是开悟。而生命本体是与不可衡量的、不可摧毁的"大道"相联系的，也就是说，内在本体所指向的是超越它本身意义的先验的现实——"道"。当然，开悟者只能感觉到内在本体的存在，而不能在头脑中构想出一个关于内在本体的意象，只有得道之人才会有体悟发现。但开悟者也能感知与内在本体合一，感知生命的圆满和完整，感知内在本体的宁静、平和与喜悦，这才是最重要的。因为这是人人期盼、梦寐以求的生命存在状态，一旦被感知体验，它就会像万有引力一样牢牢把人留住。在此生命状态下，意识之光将照彻人们的心灵，人们会在内在能量场的驱动下，真正进入内在本体，"爱"也就会产生了，一切的人身肉欲之私、名誉、财货就都不会那么重要了，知足、知止就会成为风尚。这正彰显了"道"的特性——"和"，人类才能合乎大道和大德。人们就不会因为人生的低谷、诸多不如意的事情、一时的得失而痛苦、烦恼或计较。正因为把这些看清、悟透了，为人处世，自然而然地就会遵行大道之规则了。无思无为无我，不外求而得，不作为而成。人人心静如水，都能感知而通晓天下道德的原理，变化就会遵循道的规则自然发生，"德"行自然会化育。常言道"和气生财""家和万事兴"，这里的"和"就是和气、平和。范仲淹曾说"不以物喜，不以己悲"，就是不因外物的好坏和自己的得失或喜或悲，这是修身的极高境界。

追求物质财富和名利本身并没有错，错就错在过分追求而不知道满足，也就是欲望无止境，追求财富和名利不知适可而止。升级版的"纯识之德"，是指"关注生命、专注当下、意识临在"生命状态下的修为，会使人们珍爱自己的生命而不过于看重外在的名利和财富。这便是老子所讲的"重生贵己"，也是幸福快乐的不竭源泉。这不是贪生怕死，而是建立在珍爱自己生命基础上的"生"，与"苟且偷生"有着本质的不同。现实生活中，有的人为了满足自己的私欲，不惜出卖自己的灵魂，出卖自己的人格，耗费自己的精力，去换取一点可怜的虚荣心，以沉重的代价去换取一点可怜的名利。他们不仅违背道德规范，有的甚至还走上了犯罪的道路，得到的财物与失去的人格尊严相比，实在是得不偿失。我们并不否认利用聪明才智和勤劳的双手去争取财富和名誉，但必须有一个度，适可而止。事实上，与生命本体链接，有高维能量的支撑，不仅能够提升我们干事创业的效率，还能让我们知晓何时应当适度而为。只有这样才能既收获名利，又看轻名利，也才可能做到像看重自身生命一样去化育天下，因为他们能够真正做到"中道"。

如果问名利与生命相比哪个更重要，想必人人都会选择生命。可是当真正面对名利时大多数人又会陷入迷茫，被这些身外之物所引诱而忘记安危，忘记自己的生命安全。范蠡远遁而全身，文种不退而亡命；张良归隐而保全，韩信贪位而丧生；霍光家族骄奢而灭族，张安世家族慎俭而兴盛。他们遇到的都是同样的君主，但有人知止、知足，有人则不知止、不知足，其结果截然相反。世界上没有真正完满的东西，事物的完满中往往带着"缺"，充盈中往往还有"冲"。唯有淡泊宁静，不偏向于对立的任一方面，才能欲望有度，不贪得无厌，才能保持恒久的满足。生命本体是圆满完整的，一旦实现与内在本体链接，人们就像丢失的孩子找见了母亲，回到了母亲的怀抱，他再也不想走丢了。天下的母亲千千万万，虽高矮、胖瘦、美丑……千差万别，但在面对丢失而重新回到自己怀抱的孩子时的至诚、至爱没有什么不同。这便是"纯识"之德的本质。在"纯识"之德的化育下，回归朴素淳庞，没有外物干扰，宁静、平和与喜悦就会聚集到人们的身上；福气就会聚集到人们的身上；福气聚集到人们的身上，幸福、快乐自然就会降临到人们的身上；幸福快乐降临到人们的身上，即使清贫也可以心安，即使生活中遇到不顺遂也可以再次走向顺遂。

不知足是人心最重要的特征之一。不知足在人类的进化过程中发挥了重要作用，它带动着人类走出了漫长的原始蛮荒时代，它激励着人类逐步摆脱无知的束缚，迈向智慧的光明。然而，不知足也体现了人类的勃勃野心，正是因为它，人们才会为满足欲望而采取种种手段，其中包括杀人越货、发动战争等。不知足是一种不知内敛的进取行为，纵欲是一种不知收敛的放肆行为，而贪得无厌则是人心不知足的无限扩大。要想端正末端的东西，一定要先端正它的根本；要想断掉水的末流，就要先去遏制它的源头。道德美好的功业成就了，贪得无厌和奢靡之风也就自然消失了。贪婪和欲望是一切灾祸的祸根。从贪婪和欲望中解放出来，只有借助大道的德行。只要能遵循大道，合乎大道的德行，做到无欲无争，人们就能够进入宁静、平和与喜悦的生存状态，就能够感受到人生的幸福和快乐。幸福和快乐正是知足对人们最好的奖赏。无数人被贪婪和欲望所驱使，在不知足的道路上跌了大跟头，轻者头破血流，重者身首异处，可见修行失教久矣！这便是"德"字升级的必要性、重要性和紧迫性。

（四）

《孟子·尽心上》中讲："鸡鸣而起，孳孳为善者，舜之徒也。"通过关注生命、专注当下、意识临在，达到宁静、平和的心境，才能真正实现修身问学的目标。主要包括两个方面的目标：一是"学"，它是为了获得更多的外在经验知识，这些知识越积累就越多，所以，那些大儒才日复一日地求新、求知，还要"时习之"；二是"悟"，它需要放空自我，摒除自己的主观妄念，不受外事外物的干扰，真正做到处世无心，达到虚空、平静，任何事都无法在你的心中泛起半点涟漪，如此才能接近道，才能得道，才能掌握事物的发展规律，这是真正的大智慧。为学、悟道是了解世界的两个方面。"学"就是不断发现其中的新知识、新事物、新变化，"悟"就是不断思考这些事物的本源，思索万物变化的规律。就像放风筝一样，"学"使之高飞，"悟"使之不脱离绳索。"悟"是必需的，"学"也不能缺少。"学"，使人们的知识越来越多，但也正是它，会增长人们心中的私欲、妄念；但也正是它，有了喜怒哀乐，有了善恶美丑，世界才变得多姿多彩。

得道之人以"道"为根本，不定义、不分别，不会因为环境和人情而事变，对"善"与"不善"、"信"与"不信"的人都以一样的善恶是非标准相待。平常人着力分辨"善"与"不善"、"信"与"不信"这些观念，得道之人则打破这些分别，让人回归到纯朴的大道之中。"纯识之德"，会使人们保持宁静、平和、顺其自然，消弭贪欲之心、分别之心和执着之心，拔除痛苦和烦恼的根源而成为宁静、平和、大公无私、处变不惊、不为外物所动的典范。

《道德经》中讲："道生之，德畜之。"没有道，万物都不能得以生发，没有德，万物都不能得以育长。人类应该像孝敬父母一样遵循大道的德行。尊重道，珍视德。就像舜对待父母兄弟那样尊重道，就像周公重视君王那样重视德。"德"，其原始意义就是"得"，后来才引申指事物在发展过程中应具备的道德品质，它具体表现为人类的行为准则。如果人们的行为合乎"道"的大德，那么，人类就能繁衍生息；否则，只能自我毁灭。"德"字升级，直心而行，不定义，不分别，去掉"层累"，使之回归本义之"得"，使"德"成为"纯识之德"。"纯识之德"，源于"道"而富于"德"，其高明之处，是人人向各自内心发力，做到遵循自然，无私无我，没有分别之心。当我们付出多于回报，或是欲望得不到满足时，也不会感到烦恼和怨恨，受到别人有意或无意的伤害，也不会愤世嫉俗、心胸狭窄起来。这样"大道之行也，天下为公""惟精惟一，允执厥中"才能变成现实。更为重要的是，以上这些都是建立在人人关注生命，追求宁静、平和与喜悦，追求幸福和快乐的源动力上，自觉自愿发生的。因为人们通过"纯识之德"的化育，可以觉知人类生存发展的终极目的和意义，具备了德的品格和能量，才能以德进道，实现身心和谐。

"道"是修身、齐家、治国、平天下的根本。只有开悟之人才知道内在本体生命的真实可靠。持守"道"，就能自觉有效堵塞各种诱惑人们灵魂堕落的通道。知道过分放纵自己的欲望、对财富名声过分贪婪、恃强凌弱、使用世俗工巧追逐名利、违背道德、违法犯罪、舍本逐末等，那是自我毁灭。在现实社会中，大家都有这样的疑惑，当我们因为一件事情而感到纠结的时候，心里就像有了一团乱麻，无论怎样也解不开。内心烦乱使人坐立不安，让人感到惶惑甚至痛不欲生，既然如此，为什么不彻底解除心里的烦乱，让自己快乐地度过短暂的一生呢？修道于自身，德行会纯真；得道于自身，可以教化万民。修"纯识之德"，我们就无牵绊了，整个人会变得轻松自在起来。修"纯识之德"，其突出特点：一是专注当下，直心而行，不定义，不分别，人人"无私""无我""诚明""好静"；二是人人"自化""自正""自富""自朴"。这样人人珍爱生命，慈爱谦和，注重节俭，质朴淳庞。"治人事天，莫若啬"，没有比这更自然、更美好、更事半功倍的了。

事实上，宇宙间所有看上去属于偶然的和突发性的事变，都必然经过一个复杂隐晦、潜移默化的演化阶段，只不过人们往往感知不到罢了。人类感知不到，而许多动物却比人类具有更加敏锐的洞察力。比如，地震来临之际，老鼠、狗、蛇、青蛙、飞鸟都会预感到地震即将到来。按常理，人类也应该具有这种能力，但人类确实丧失了这种能力。为什么会丧失，或许是人类太关爱人类自身，而与大自然、与天道渐行渐远之故吧。"德"字升级为"纯识之德"，不是返回"慧识意识"阶段的愚民之治，而是顺应时代、顺应人性，以人类幸福快乐为依归，以获取生命宁静、平和与喜悦的追求为动力，直心而行，向内心发力，通过关注生命、专注当下，与内在本体链接，实现"意识临在"的生命状态，从而接近天道，回归人类朴素淳庞、至真至纯的天性。

自然界中，任何事物都存在两面性，既相互对立，又相互依存，总是存在着诸如善恶、阴阳、动静、长短、黑白等对立的现象。这种对立并不是绝对的对立，而是相互转化，相辅相成的。这种二元对立的宇宙观，正是造成人类痛苦和烦恼的根源。人们需要超越这种对立的视角，追求更高层次的平衡与和谐。本体生命的大可以包容天地。人的生命拥有巨大的高维能量和无形的不可摧毁的本质，高大而光明，万事万物都无法影响它。与内在本体链接，天人合一、人与道凝，人们就不会沉溺于诸多妄念之中，不再惧怕死亡，不再患得患失，人一辈子就不会忧愁恐惧。只有我们真正感知了自己本来所具有的伟大、圆满而完整的生命本体，以及巨大的高维能量，感知了生命本体与那个非常广大、浩瀚、神圣的"道"合一，无生、无死、永恒存在，生死对人来说就是一样的，名利得失乃至现实世界中的一切就都没有那么重要了。

了解本体生命的人，知道本体生命的伟大，那我们生活环境的狭小就显而易见了。我们每个人又脱离不了现实，但当知道了对事物的爱憎都是被局限在了具体事物上时，这些爱憎之事真就显得没有那么重要了。也就是说，与天地具备相同的品质，廓然大公、无私无我，就能像天地那样具备宽容、广泛接纳的品质。对每个人来说，各有各的特点，各有各的局限，没法变成一样的。但生命的圆满和完整却是人人具足的。这便是"德"字升级的普遍性意义。只要人人明白如何与内在本体链接且实现链接的时候，不仅可以去除妄念，恢复朴素淳庞、至真至纯的德行，即使有大的怨恨，也会涣然消释，而且与内在本体链接，实现"意识临在"的生命状态，生命本体的圆满和完整会使人真正回到宁静、平和与喜悦的状态。前者是德行的彰显，后者是前者的动力和依归。人们一旦感知到这些，他们无论如何也不想再离开这种境况，而是会产生巨量的吸引力，心甘情愿地安住其中，因为这里才是人生的本质和意义。自然的规律是让万事万物都得到好处而不伤害它们，有德之人的法则是施惠于众而不与人争夺。人人内在的需求满足了，外在也没有其他令人倾慕想得到的了，人人安居乐业，过着衣食充足的生活，人人慈爱、节俭、谦和、敦厚纯朴、至真至纯，没有妄念、怨恨，生活的境况幸福而快乐。人们都看不起浮华浇薄，唯有宁静、平和与喜悦，正所谓沉默无语而教化流行，天下大同和全心全意为他人服务的景象就会自然呈现了。

（五）

人世间的事，往往被人们的情感所左右。如果事情属于个人的私事，喜怒哀乐自己扛，只要不外溢到社会上，对社会产生不良影响，那还好，但往往个人的私事也会影响他人或他事，这是后话；如果事情属于公事，人们把个人的情感带入公事之中，不能依法依规、公平公正地处理，那后果可想而知了。后者在现实社会中大行其道也是人人皆知的。在小康社会条件下，物质丰富，人们的生活条件好了，大家不再为温饱问题而起纷争，但人们生活得并不幸福快乐，这是为什么？追根溯源，是因为人们受大脑思维的控制太久了，早已与内在本体失去了联系，贪婪、自私、嫉妒的劣根性成了人们的"本性"。大家把"仁、义、礼、智、信"这些概念记得滚瓜烂熟，却只是停留在概念上。大脑思维是以"过去""未来"时间为参照的，所以，情感欲望始终占据着主动，控制着思维活动。社会需要"过去"，以借此进行自我定义。但实现社会全面发展进步，必须对自己的精神性中心理念进行升级处理并教化践履。"纯识之德"既是对过去传统之"德"的升级，更是要专注当下，把无时间的思维模式变为日常生活的常态，处理日常事务能自觉摆脱"过去""未来"等情感束缚，立足当下的无时间的"无我"状态，复归本性，宁静而平和。因为"纯识"状态就是"无我"，"无我"才是真正的"纯识"状态。这种状态，大家能没有了自我意识，宽容、包容、廓然大公，人们也不会再被欲望挟持和控制，知道自己该干什么、不该干什么，那宁静平和、幸福快乐必将常伴人间。如果人们不能恢复自然赋予的本性，即使克制自己的行为、收敛自己的欲念来求静，终归达不到静，那宁静平和、幸福快乐就只能是空想和奢望。

当今社会，物欲横流，善良总是会被利用或欺凌，稍具才德总是会被嫉妒和排斥，大度退让总是会被侵犯和伤害；民族间、国家间矛盾、冲突、战争不断，正在上演的俄乌冲突、巴以冲突就是例证；自然界气候变暖、洪水泛滥、天气干旱、瘟疫流行，地球村在病态中发展。"德"在社会上真的离人们的心越来越远。天道天理，需要人们从内心里去领悟它，需要人们在行动上去坚守它，善于运用它，天下才能和平、和合、和睦，忘却、遗失它，人类就会只剩下没有灵魂的躯壳。充德，是社会、民族、国家乃至整个人类的共同需要。

修身问学以充德，一方面需要通识达道，博通中国优秀传统文化，特别是先古圣人智慧；另一方面需要切己修身，存天理、去人欲、致良知。

通过修为，达到"天人合一""人与道凝"的境界，达到"理"与"心"的合一状态。实现"心"与"理"的合一，只能在主体的直觉理念中实现。"理"是独立于"心"之外客观存在的，并不是由"心"产生的。德能是大道所生，德行是德能所育。当"心"达到"天人合一""人与道凝"的境界，达到"理"与"心"的合一状态，从而成其"至德"的时候，宇宙即我心，我心即宇宙。宇宙便是道德的宇宙，也便是"道德的准则（理）"。朱熹在《中庸章句序》中讲："道心常为一身之主，而人心每听命。""道"是"德"的升华，充德才能近乎道。直心而行，行于大道便是"德"。充实内德，简单一句话，就是直心而行。"直心而行"需要从以下两个方面入手。

第一个方面是向外，就是要"立心中像"，依天理大道而行。天道天理是客观存在的，圣人体悟发现天道，顿悟真理（天理），证悟智慧，是人间智慧之光。需要对天道天理诚敬存之、践履行之。《尚书·大禹谟》中讲，舜耕作于历山的时候，一边耕田种庄稼，一边学习《易经》，后来他发现"中"才是一个更为玄妙神奇而威力绝伦的天下最大的学问。于是，他开始践履不二，最终成为拥有大德之圣人。他利用"中"对天下老百姓进行教化，消除了老百姓人性里面的恶，使大家都成为有德之人。《中庸》开篇即讲，"天命之谓性，率性之谓道，修道之谓教。中也者天下之大本也，和也者天下之达道也"。"中"是自然格物的大法则，为人处世必须秉持"中道"、"执中守一"、道法自然。

第二个方面是向内，就是要"求心中同"，向人类本心而求，去求那人人具足的良知，人人渴望得到的宁静、平和与喜悦，人人渴望得到的幸福和快乐。要关注生命、专注当下，实现"意识临在"的生命状态，就是要真正"觉知"，实现与内在本体的链接，从而使之与大脑思维之间保持平衡的清醒。也就是要从不定义、不分别开始，把"德"从慧识、智识、意识阶段向前推进，升级为"纯识之德"，并使之占据人的身心，使自己的"心"真正成为"德"的化身，成为人的主宰，而不被大脑思维所障蔽。

　　如果能够超越大脑思维的束缚，当下即可感知内在本体，也就是当下即可明心见性，找回本自具足的自己。当超越大脑思维的制约，"你"将不再是这具"身体"，"我"和"身体"有了一个距离。这一感知是一次不可思议的解放，是一个圆满的境界，合一而和平，与生命及其所显化的世界合一。当你的思维处于静止时，当你的注意力完全集中在当下时刻时，你就会感觉到内在本体。内在本体是人最深的自我和真实的本质，你可以在每个当下接触到它，但是从心智上人们永远无法理解它。它是与不可衡量的、不可摧毁的事物——与"道"相联系。内在本体其实就是你自己，但它比你更伟大。如果你失去了与内在本体的感知，你可能会感受到一种与周围世界的隔阂。这种感觉可能表现为一种幻象，让你觉得自己是一个在显化世界中孤立无援的个体，无论是在意识层面还是潜意识层面。因此，你内心的恐惧、冲突和矛盾也就会随之产生。人们真正的财富，是他们找到本体的喜悦，以及那份与本体紧密相连的深刻且坚不可摧的宁静。关注生命，去寻找自己的内在本体，它在你内心的深处，只要静静地向你身体的内部去体察，无论是大脑中的思维活动、心脏的跳动、身体内部的声音、血液流动带来的面部温热，还是手掌的温度……通过细心和平静的观察与内省，你将能够触及那个宁静、平和与喜悦的自我。它不仅呈现出圆满和完整，而且当你越是有意识地关注和体察，你内在的高维能量就会越发强大。这种高维能量取之不尽、用之不竭。这高维能量就存在于内心深处的本体之中，能够把你原本幽冥的生命旅程照亮，这里原来就是人们千百年来苦苦追求的宁静、平和与喜悦的本源，这里原来就是人们千百年来苦苦追求的幸福、快乐的家园！去寻找自己的内在本体并安住其中是生命的真谛！它在你内心的深处，但它却常常被你的大脑无意识的思维所蒙蔽，每当你不由自主地产生怨憎、仇恨、自卑、内疚、愤怒、抑郁、嫉妒、痛苦、恐惧等情绪，即使最为轻微的不快、不安都是你的大脑无意识的思维所带来的，请永远记住这种"无意识"的大脑思维是造成芸芸众生终身不快、不安的直接根源；但同时也请永远记住：当你有意识地去观察自己的思维，并将自己的注意力集中于内在身体时（请以第三者的身份去观察，不要分析，不要评判），大脑思维一下子就不存在了，它会戛然而止、不翼而飞。而且，内在身体的能量会快速升级，这种状态就是意识的临在状态，即意识临在、常住这种状态，你就总能获得宁静、平和与喜悦，得到取之不尽、用之不竭的高维能量和平时不可能做到的惊人之举与极高的办事效率。

专注于当下，精心领略生命的律动，它是你圆满而完整生命的唯一真实存在。当下，是你生命能量最有意义和价值彰显的地方，其他的过多的能量消耗，比如，大脑无意识的对过往毫无意义的思虑和对未来毫无意义的憧憬，往往是你痛苦和恐惧的温床。专注于当下，与内心深处的本体链接，就是与自己的性命沟通而得其正。时常无间断地保持与自己的内在本体链接，而使道心常为一身之主，人心就会每每听命于道心，处理事务都能发自内心深处，至诚至信，会充满激情和正能量，一切事务就能处理得高质、高效，充满神光。要知道人与人之间本体对本体的对接、交流、沟通，是无须大脑加工、无须大脑思维的，没有欺瞒，没有怀疑，不用苦思冥想，一切都是率性、透明、至诚的。只要专注于当下，就会使你大脑浅层意识思维千方百计控制身心的计谋和手段成为过往，并能使它无法获取生存的能量，千百年来芸芸众生都被蒙蔽的善心才能真正得以彻底的解放。大脑将真正成为身心本体的臣子，使它真正听命于内心深层本体的驱使，不费吹灰之力就能把私欲抛光。请永远记住，"私欲"永远只能是"过去"和"未来"的幻象，请永远记住直心而行，专注当下，进入你的内在本体，与你的生命本体链接。你那圆满而完整的生命会给你带来无边的幸福和快乐，这是一个不定义、不分别的常在——宁静、平和与喜悦。

关注生命、专注当下，就能与内在本体链接，进入"意识临在"的状态。只有在"意识临在"状态下，人们才能真正展现出至诚至明、仁义中正、大公无私的品质，当人们真正把致良知变为时尚，社会才能真正回归到朴素与纯真的状态，人类社会才能最终进入大同世界的梦想。

直心而行，在立德上下功夫，从不定义、不分别开始，通过关注生命、专注当下、"意识临在"修身问学，向心发力，把孔子的"仁"、孟子的"仁政"、朱熹的"存天理，灭人欲"、王阳明的"致良知"等中国传统文化的精华内化于心、外化于行，这是一个身、心、慧、智、意、识的联动。陆九渊讲，心只是一个心，某之心，吾友之心，上而千百载圣贤之心，下而千百载复有一些圣贤，其心亦如此。心之体甚大，能尽我之心，便与天同。为学只是理会此。王阳明有诗曰："人人自有定盘针，万化根源总在心。"也就是说，人们的心其实很强大，只要内心足够坚定，它那不可动摇的力量就能像天地一样，泽被万物而不争名利，人们就会宁静、平和与喜悦，充满幸福和快乐。关注生命，每个人所拥有的"心"具有跨越时空和跨越个体的特点，都是圆满和完整的，与内在本体的链接，可以感知幸福和快乐的真谛。无论男女、老幼、城乡、贫富，无论工、农、商、学、兵，是人人皆可为、皆应为的。专注当下，修身问学，仁义中正而主静，不管工作、学习、生活，宁静、平和与喜悦，也是人人皆可为、皆应为的。"意识临在"使内在本体真正成为身心的主宰，内在本体守其形体而不离，与性命沟通得其正，如此，则无论动静、说话、做事，无过无不及，也是人人皆能为、皆应为的。如此，大学之道，"明明德""亲民""止于至善"，就会成为每个人的自觉行动，"人人都可以成为圣人"就会变成现实，实现家庭和睦、国家安定、世界大同、天下太平不再只是梦想；人人回归宁静、平和与喜悦，幸福和快乐就会成为人们生活的常态。如果说《大学》的"八条目"——"格物、致知、诚意、正心、修身、齐家、治国、平天下"这一学说，阐述了尧舜传承的真正精神，那么"关注生命、专注当下、意识临在"——纯识之德，则揭示了尧舜传承的圣教法门。简且易哉！不亦乐哉！

请看：

无 题

举动出人意想外，
纯识化德大同来。
智无常局恰其局，
无心而合非千虑。

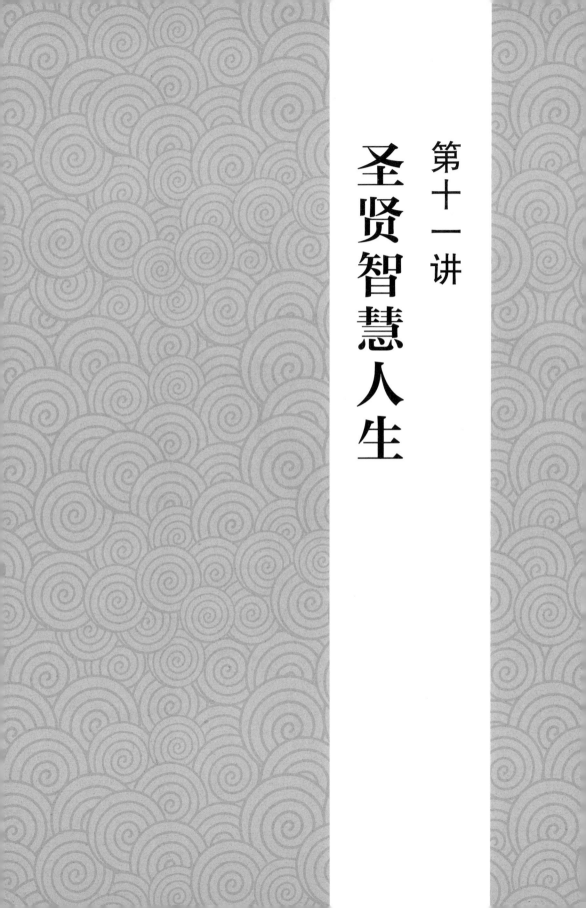

第十一讲

圣贤智慧人生

心懷天地胸納乾坤

圣贤之人，必有伟大而坚定的信念，具有超乎寻常的意志力和思想，具有重造社会价值传统，具有拯救世道人心的崇高理想。

（一）

现实生活中，许多人拥有渊博的知识，过着富足的生活，但并不快乐。正如苏格拉底所说，真正带给我们快乐的是智慧，而不是知识。因为智慧会使人洞明人生的真理，会使人的行为合理，从而达到自由、快乐、解脱的境界。

苏格拉底认为，世间有所谓的永恒、绝对的是非观念存在，而且是放之四海而皆准的，也就是说，世间有绝对的是非标准。只要运用自己的常识，搜寻自己的内心，运用内心的智慧，就可以悟出这些不变的标准。真正的知识来自内心，而不是得自别人的传授，唯有出自内心的知识，才能使人拥有真正的智慧。柏拉图在他的理型论中讲，在物质世界的背后，必定有一个实在的存在。他称这个实在为"理型的世界"。理型是永恒不变的。一旦灵魂依稀想到理型的世界，就会涌起回到它本来领域的渴望。这种渴望为"爱"。此时，灵魂就会体验到一种回归本源的欲望。从此以后，肉体与整个感官世界对它而言都是不完美且微不足道的。灵魂渴望乘着爱的翅膀回"家"，回到理型的世界，它渴望从肉体的枷锁中挣脱。亚里士多德认为，柏拉图把整个观念搞反了，他认为"形式"存在于事物中，因为所谓形式就是这些事物的特征。王阳明也讲，圣人只在天理上思考、推算，事事不离天理，天理就是他的规尺；常人却在心外下功夫，任随眼、耳、鼻、舌、身所感知的外物恣意思虑，又从中生出种种分别，在这些纷繁复杂的分别中不可自拔。所以，他说，"一算"与"千算"是圣人与常人的区别。这些东西方圣哲的论述在将人们的注意力吸引到永远"真"、永远"善"、永远"美"这一点上，都有某种契合和相通之处。也就是说，西方哲学家的理性和东方儒家的"修身"指向了同一个目标，西方哲学家追求永恒不变的人类理智，东方圣人追求天人合一的人生智慧。

儒家提出的"夭寿不二，修身以俟之"本身就是东方智慧。只要我们始终把"人心惟危，道心惟微，惟精惟一，允执厥中"十六字心传奉为圭臬，经过长时间的切己体察、问题思考、慎独功夫、知行合一和文源涵泳，一以贯之，笃行不怠，自己的心胸就会大开。当人生的格局打破了时空的限制，突破了思想的壁垒，破除了精神的桎梏，融会了人类历史精华，汇集了百家之长，就可以体悟发现天道、天理、"道心惟微"的真谛，证悟智慧，自然就可达成"究天人之际，通古今之变，成一家之言"，做一个内心世界丰富的人。叔本华在《人生的智慧》一书中讲过，"一个内心世界丰富的人，就像是在漫天冰雪的冬夜中，一间明亮、温暖、令人愉快的圣诞小屋。因此，尽管命运的结果不一定灿烂辉煌，但拥有一个卓越、丰富的个性，尤其是强大的精神世界，无疑是这个世界上最大的幸福"。就像我的那位朋友，受到他们单位一个同事匪夷所思的诬陷诽谤，并且"诬陷诽谤"这件事还得到他们单位一位领导的支持，他却能一以贯之，坚守"忠恕之道"，利用独立与闲暇时光，努力谨慎地维护着幸福的内在源泉，使其源源不断。无论是荣誉、地位、头衔、金钱、名气，还是逆境中的一切都没有改变他的初衷。他一定是认识到了，智慧既是大自然最难得和最高级的产物，也是人类世界中最稀有和最珍贵的宝藏。他一定是智力超群，拥有天赋异禀，所以他才拥有了快乐的源泉，其他的一切他都看得无足轻重。这与亚里士多德提出的"黄金中庸"，即勇敢、慷慨、平衡、节制具有某种契合与相通之处。也只有这样，人才能过着快乐和谐的生活。

"夫子之道，忠恕而已矣。""忠"字上"中"下"心"，本义为中心，即内心符合中道。《中庸》中讲："喜怒哀乐之未发，谓之中……中也者，天下之大本也。"可见，"忠"字所代表的精神世界是至善至美，其境界是极高明而道中庸，只有圣人才能达到。"从容中道，圣人也。"因此，"忠"字寓意内心中正，至公、无私，为"德"之基。"恕"字上"如"下"心"，本义为如己之心，或者说推己及人，设身处地，感同身受，替别人着想，体现了中华文化的仁爱精神。《孟子·尽心上》中讲，恕是实现仁的最好方法，"强恕而行，求仁莫近焉"，仁正是有了恕的方法，才能发展到"以天地万物为一体"的境界。"尽己之心为忠，推己及人为恕。""忠"要求内心符合中道，意味着个体生命对自己的内心世界要有一个实事求是、客观公正、全面彻底的认识和评价；"恕"要求在正确认识和评价自己内心世界的基础上，推己及人，宽恕别人的过失和缺点。尽心为人，推己及人，人们应该以对待自己的态度对待他人。可见，从"忠"到"恕"，是一个不断消解偏见、偏执、狭隘、短视、仇恨、贪欲的过程，也是一个不断提升精神境界的过程。所以，"忠恕"是一种个体与自己内心世界和外部世界的和解。大文豪托尔斯泰一次外出旅行时路经一个小火车站，他在车站月台上随便走走时，一辆正要启动的火车拉响了汽笛。突然，有一位女士通过火车车窗向他大喊："老头！赶紧到候车室将我的包取过来，时间快来不及了。"原来，这位女士看到托尔斯泰穿得很朴素，还风尘仆仆的样子，因此，将他当成火车站的搬运工了。托尔斯泰听完后，二话不说，连忙跑到候车室拿来提包，递给了那位女士。女士感激地说："谢谢啦！"随手递给托尔斯泰一枚硬币，"这是给你的小费。"托尔斯泰并没有拒绝，接过硬币，装进了口袋。女士旁边的一位旅客，认出了这个看上去有些狼狈的老头。于是，大声地对女士叫道："太太，您知道您的小费给谁了吗？他就是列夫·托尔斯泰呀！"女士脸色变了，连忙道歉和解释，"我怎么能干这种蠢事！尊敬的托尔斯泰先生，请别放在心上！那枚硬币还给我吧，我怎么能给您小费，实在太唐突了！"托尔斯泰平静地说："太太，别激动。您没有做错什么！至于这枚硬币，是我自己赚来的，抱歉，不能还给你了。"汽笛再次长鸣，火车缓缓驶向远方。托尔斯泰则微笑着，继续他的旅行。做人，宽容是一种境界，在托尔斯泰这里，宽容是一种至高无上的大格局。亚伯拉罕·林肯在竞选美国总统前，在参议院某次演说中，被一位参议员有意地进行了羞辱。那位参议员说："林肯先生，在你发表演讲前，我希望你不要忘记一件事，你只是个鞋匠的儿子。"对于这种挑衅和侮辱，林肯并没有动怒，微笑道："感谢你还记得我的父亲，他虽然已经去世了，但我一定牢记你的忠告，我很明白，我做总统没有办法像父亲做鞋匠那样好……"那位参议员无言以对。林肯继续说道："我记得，我的父亲以前也为你们家做过鞋，如果你觉得鞋子不合脚的话，我也可以帮你修一下。尽管我不是一个优秀的鞋匠，但我从小就跟着父亲学习做鞋、修鞋的技术。"然后，他又对所有的参议员说道："对参议院的其他任何人也都一样，假如你们穿的那双鞋是我父亲做的，而又需要修理或改善的话，我一定竭尽全力。但有一点我敢打包票，我父亲的手艺无人能及。"说到这里，所有的嘲笑化作了最诚挚的掌声。这件事过后，有朋友不解地问林肯："你为什么想要把敌人变成朋友呢？你应该打击和消灭他们！""我不就是在消灭他们吗？当他们成为我的朋友的时候，敌人不就不存在了吗？"有气量，有气度，能包容，能登高雅之堂，也能容世俗之事，他总能发现问题的本质，总能看到人性的光辉。如上所述，"忠恕"是内心世界深沉平静后所生发出来的伟大力量，它贯通心身内外，以温、良、恭、俭、让的外在形式表现出来。奉行"忠恕"精神的人在处理人与我、群与己、家与国、天与人、公与私的关系时，能够自觉地放弃意、必、固、我，总是能够理性地看待处理与自己内心世界，以及与他人和外部世界的关系。

虽然"忠恕"是个体生命与自己内心世界与外部世界的和解，但并不意味着这一和解是无原则的和解。孔子明确提出"以直报怨，以德报德"，面对非正义之人之事，有德之人不是一味妥协，而是用公正来回报怨恨，用恩德来回报恩德。

（二）

　　圣贤之人的胸怀有如山谷，无边无际，总是能够让人找到共鸣，产生回响，总是能够以极低的姿态去包容万物，不自满，所以，才能与时俱进。这就自然而然地要讲到包容，包容不是软弱，是坚强！英国诗人亚历山大·波普说："犯错是人性，包容是神性。"如果说格局最重要的因素是包容，那也不为过，因为有包容才有大的眼界和高的层次。《菜根谭》里写道，但凡有大格局的人，有难得糊涂的境界。糊涂不是真糊涂，而是揣着明白装糊涂。

　　格局大的人，不仅能承认别人的长处，积极学习，也能容人之短处，甚至是在旁人看来不可容忍之事，也与之一个"恕"字。比如，韩信在闹市上曾被无赖逼迫从胯下爬过，称为"胯下之辱"。后来，韩信成为一代名将、西汉开国功臣后，不仅没有找无赖报复，反而对其任以官职，其格局之大实非旁人所能及，实为"豪杰之举动也"。唐朝名将郭子仪不仅英勇善战、足智多谋，也能容人之短，懂得宽容人。最有名的一件事情就是，郭家的祖坟被他人所掘，郭子仪不仅没有报仇，反而引咎自责，反省自家的不是，这就是一代名臣的格局。刘邦用人就堪称是大师级的。楚汉相争时，陈平由项羽处转投刘邦，刘邦与陈平言语投机，拜他为都尉，留在身边做参乘，监护三军；后来，又根据陈平的才干再次予以破格提拔。这招致刘邦旧将的嫉恨，流言蜚语说陈平道德败坏，在老家曾与嫂子私通；出仕后东奔西走，是为不忠；还有利用职权索贿等。刘邦心生疑团，就召来陈平的推荐人魏无知查问，陈平是否有"盗嫂昧金"的事实。魏无知没有正面作答，他说："我之所以向大王推荐陈平，是因为陈平的才能；而现在大王所责问的是陈平的品行问题。如今乱世用贤重于用德，'盗嫂昧金'不管真假，对奇谋巧计有什么影响呢？"刘邦被初步说服，但又唤来陈平问他投效过几家？陈平不跟刘邦讨论忠诚，只说魏王不会用人，项羽任人唯亲，听说刘邦任人唯贤才来投奔。如果刘邦也认为我不可用，我就请求辞职。刘邦于是不再有疑，提升陈平为护军都尉，专门负责监督诸将。后来，陈平在"反间范增""智离荥阳""计擒韩信""白登解围"等大事中屡献计策，对刘邦平定天下起到了举足轻重的作用。而陈平得以重用，就在于刘邦的大格局，能够"容人之短"，不求全责备，唯才是举。一代"完人"曾国藩也说："我要步步站得稳，须知他人也要站得稳，所谓立也。我要处处行得通，须知他人也要行得通，所谓达也。"此所谓欲立立人、欲达达人。有一次湖南解送的粮食数额不符，承运的人担当责任要自己赔补。曾国藩查明是因为途中船漏损失的，下令其免于赔补。此即"凡为难之处，皆自身任之"。

《约翰福音》中说，"光照在黑暗里，黑暗却不接受光""凡作恶的便恨光，并不来就光，恐怕他的行为受责备"。心怀不端之人讲话一定是遮遮掩掩、吞吞吐吐，文过饰非，这是他们的常态，如果你要指责其是非之处，哪怕是你抱着想让其改好的善意，也都会激发其恶性。舜刚开始发现象的不善，也是直接点出来，要他为善去恶，改邪归正，虽苦口婆心，批评加上教导，但过于心急，反而遭到弟弟的激烈反弹。一直至舜30岁被尧征庸后，象仍然天天想着杀舜。舜后来明白，想让弟弟为善去恶，也要"知本"，而不能舍本逐末，错用了力气。此所谓"烝烝乂，不格奸"，即反求诸己，在自家身心上下功夫，诚于中，形于外，以德性之化育来感化弟弟。而不直接去纠正象之奸恶。正如中医治病，注重培养元气，治"人"而不治"病"。但西医治病，却是直接去消灭病菌、病毒等病原体。孟子曰："爱人不亲，反其仁；治人不治，反其智；礼人不答，反其敬。行有不得者，皆反求诸己。"舜就是这样，他的父亲很顽劣、他的母亲很嚣张、他的弟弟象很傲慢，舜却做到"克谐以孝"，能够用孝悌使全家和睦、安定。对奸人，不要试图正他的奸。做好自己，用仁义熏蒸他，以德服人，就是烝烝乂、不格奸。

现实生活中，我们经常会遇到钻牛角尖的人，对付他的最好办法就是不理他。格物只是格自己的物，致知只是致自己的知，诚意只是诚自己的意，正心只是正自己的心。别人钻牛角尖，你要不让他钻，格物、正心用错了方向。当我们指责别人的时候，是不是先该做好自己，正好自己的心。有时，我们经常还会遇到有人在背后捏造事实、胡说八道，说某某事是他定的或某某事是他让这么干的。无缘无故让你背黑锅，或无缘无故地让你与相关人产生矛盾隔阂，你却蒙在鼓里，很长一段时间后，当你明白过来的时候已经于事无补。特别是有的人更可恶，在背后捏造事实、胡说八道，回过头来，他再堂而皇之地告诉你，我对某某说某某事是你定的或某某事是你让这么干的。从修身做学问的角度，只要不是什么了不起的大事、原则之事，我们都可以一笑了之，做好自己才是真。

总之，容人之短，是做人有大格局的一个主要特征。俗话说，成熟的麦穗总是低着头。一个人知道得越多，就越会发现自己的渺小和无知，然后保持谦虚。古人讲"不以物喜，不以己悲"，意思就是不因外物的好坏和自己的得失而或喜或悲。这正表达了大格局之人"海纳百川、虚怀若谷"的豁达胸襟。

（三）

圣贤之人都是格局大的人，事理贯穿、贯通，融合、融通，所有的道理都是一个道理；贯彻，把一个东西贯彻到底，不会东想西想，一贯如此，专注坚持；做到了还能坚持不变，不受外部环境诱惑影响。正所谓"能干的人，不在情绪上计较，只在做事上认真；无能的人，不在做事上认真，只在情绪上计较"。格局大的人，他们知道计较只会给自己制造无穷无尽的烦恼。《论语》上讲，"一日克己复礼，天下归仁焉"，能克制自己，一切照着礼的要求去做，这就是仁。一旦这样做了，天下的一切就都最仁了。实行仁德，完全在于自己，此所谓"圣人之学是为己之学"，只看重是否着实切身用功，不看重效果。在"惟精惟一"上下功夫，就是"慎独""戒惧"；在"允执厥中"上下功夫，就是"集义""博约"；"慎独""戒惧"和"集义""博约"，就是"惟精惟一，允执厥中"，如同知行一样不可离分。仁者与万物同为一体，如果做不到与万物同为一体，只是因为自己的私欲还没有格除干净。如果恢复了仁德的本体，"惟精惟一，允执厥中"就在其中了，天下也就全都归入仁里面了。大家都"在邦无怨，在家无怨"，在哪里都不怨恨，这便是"不怨天、不尤人"。所以，王阳明说，真正的学问是如何去掉私欲，恢复本我，实现万物一体之仁的极致快乐。

格局大的人，与之相处，总会给人一种如沐春风的轻松愉悦感。那是因为，他们心态平和，明白事理，恭顺而有内涵，温和却有力量。漫漫人生路，遭遇挫折和困难在所难免，有的人遭遇挫折后，会一蹶不振，只是抱怨，不懂如何去克服它；有的人遭遇挫折后，会冷静地去分析，寻找解决的方法。这两者中，后者属于格局大的人。所以，圣人所思都是天理，是惟精惟一；庸人日夜思虑，都是毁誉得失，实际上是忧虑，真的是一种煎熬。圣人有终身之忧，而无一朝之患；常人则相反，天天为名利得失而忧虑，却不去思考遵从天道、天理。

困难历练人，挫折助成长。在困难挫折中，困难是催人成长的催化剂。格局大的人往往会拥有强大的心理素质，所以，他们抵抗挫折的能力会更加强大。拿破仑曾说："能控制好情绪的人，比能拿下一座城池的将军更伟大。"一个人控制不住自己的情绪，终究会变成自己情绪的奴隶。尤瓦尔·赫拉利在《今日简史：人类命运大议题》中讲，很多人对自己的心智一无所知。实际上，很多科学家还在把心智和大脑混为一谈。大脑是神经元、突触和生化物质组成的实体网络组织，而心智则是痛苦、愉快、爱和愤怒等主观体验的流动。虽然对大脑的研究突飞猛进，但我们依然没有观察到心智；虽然我们依然没有观察到心智，但我们却可以体验到心智。格局大的人不仅大脑发达、智商很高，而且心智强大、超越时空。金一南在《浴血荣光》一书中讲：1935年2月5日，在云南威信地区一个叫"鸡鸣三省"的地方，中央常委会讨论分工问题，正式决定由张闻天代替博古担任党中央书记，在党内负总责。周恩来那天晚上在那个地方与博古有一次彻夜长谈。周恩来说，自从我领导的南昌起义失败后，我就知道中国革命靠我们这些吃过洋面包的人领导不行，我们要找一个真正懂中国的人，这个人才有资格领导中国革命，而且他才能够把革命搞成功。老毛就是这样的人，他懂中国。你我都当不成领袖，老毛行，我们共同辅佐他，大家齐心协力把这个事情搞成。这是周恩来推心置腹地跟博古的谈话。第二天一早，博古就把中央的印章和中央的文件全部交出来了。

《菜根谭》中说："我果为洪炉大冶，何患顽金钝铁之不可陶熔。我果为巨海长江，何患横流污渎之不能容纳。"这句话告诉人们包容的背后是一种心态，有的时候，承担一些委屈和不公平并没有什么妨碍。对于人生来说，也是无伤大雅。一个胸襟开阔的人在为人处世时，善于忘记对方的仇恨，并能够容忍对方的问题。要想成功，长远的眼光和广阔的胸襟都是必不可少的主要因素。处世立身，胸怀决定了一个人的人生高度。

打开心胸，格局变大，你就能比普通人更清楚自己想取得的长远目标，你的想法就会比普通人更深远。同样地，拥有大格局的人拥有超乎常人的自信，这种自信不是盲目自信，而是在自己十有八九把握之下由衷的自信，也是别人对你否定时的坚定。格局大的人通常比别人的自信力更强，总是充满自信，总是能乐观地面对一切艰难困苦。毛泽东在《心之力》中说："夫闻'三军可夺其帅，匹夫不可夺其志'。志者，心力者也。""大凡英雄豪杰之行其自己也，确立伟志，发其动力，奋发踔厉，摧陷廓清，一往无前。其强大如大风之发于长合，如好色者朱之性欲发动而寻其情人，决无有能阻回之者，亦决不可有阻者。尚阻回之，则势力消失矣。吾尝观大来勇将之在战阵，有万夫莫当之概，发横之人，其力至猛，皆由其一无顾忌，其动力为直线之进行，无阻回无消失，所以至刚而至强也。众生心性本同，豪杰之精神与圣贤之精神亦然。"格局大的人，总是能很好地调控好自己的情绪，给人"得到不喜，失而不忧"的印象，不论遇到什么事情，他们都能表现出"不惊不动"的态度，总能不动声色地做出自己的决定，做一个不动声色的大人，有赢得起的能力，也有输得起的勇气。此所谓"廓然大公，寂然不动"。

自律的人都善于在经历中自我反省，知道自己想要什么不想要什么，不拘泥于眼前的小利或局部的利益，而是目光远大，追求卓越。曾国藩说："如果你能吃到世界上一流的痛苦，你就能成为世界上一流的人！"毛泽东曾讲，你能承受多大的苦难，就能办多大的事。毛泽东在给友人的信中提出："图远者，必有所待，成大者必有所忍。"邓小平一生"三落三起"，在被错误地打倒和蒙受冤屈时，从不怨天尤人，从不心灰意冷，总是不屈不挠、沉着坚韧。因为格局大的人，他们对未来的自己有明确的规划，即使跌倒也会拍拍身上的土，自豪地说：我要继续走我的路！懂得及时止损，不和烂人烂事纠缠；纠缠于他人和琐事，注定会脱不开自己套上的枷锁。所以，他们不为事物所累，不为外界干扰所惑，总是能够淡定从容地面对周围发生的一切。他们唯一想从外部世界获得的只有闲暇。因为闲暇是最美好的财产，闲暇的价值等同于自身的价值。因为有价值和有趣的事物吸引着他们，让他们陶醉其中，便是学习、观察、研究、冥想和实践，这些需求本质上就是对闲暇的需求。亚里士多德说，幸福仿佛就存在于闲暇之中。只要有了闲暇，才可以享受一个思想火花四溅、生气勃勃和充满意义的生活，才能完全不受外界打扰地朝着自己的目标前进。

（四）

圣贤之人，我心即宇宙，宇宙即我心。常言道，心有多大，舞台就有多大。人的格局大小，会在很大程度上决定了自身的成就，乃至人生的变迁。格局就是你的人生，只要能够将自己的格局放到无限大，人生就会有无限的可能性，在不知不觉中达到天人合一，处理一切事务都能自觉践行"惟精惟一，允执厥中"，知行合一，游刃有余，实际上这是在不知不觉中"体道"，只是自己毫无察觉而已。

"体道"，是指修身做学问者通过从矛盾中解脱出来的最好的方法，即客观、公正、廓然大公地观察分析矛盾。当把矛盾真相析透、因果查明，接近完结无言再诉之时，自然而然地从心体上彰显解脱的一种状态。这种状态，更能够理解、体谅别人，更容易与外界形成和谐的关系。当然，很少能有人品尝"体道"的滋味，因为天道如水性，水性是想清澈的，然而沙土、石子使它变得污秽了；人性是想平正的，嗜欲使它受到破坏。只有遗忘万物、天人合一，才能反归本性，才可体悟发现天道、天理、"道心惟微"的真谛，证悟智慧。而此需要机缘、功夫和闲暇。"见道"是指体悟发现天道、天理、"道心惟微"的真谛，证悟智慧的体验，它是一种心境、一种心情、一种心体的境界，是意密酣眼自在的状态，是与天之太虚的天道本体合一的状态，是用"善"与"恶"标准评判是非曲直的天理彰显状态，也许这正是苏格拉底讲的"人的无形意识是（或者应该是）世间万物最后尺度"的证悟。"体道"和"见道"本质上是一致的，都是心体达到了一种"无我"的客观、公正、廓然大公的状态，也就是惟精惟一，没有任何的私欲蒙蔽，"至诚""至明""至仁""至善""至简""至美""至静""至动"，"有""无"关联、"开""阖"因应的意密自适状态。但二者是有区别的，"体道"是修身做学问者，在功夫达到惟精惟一，心体没有任何私欲蒙蔽，有事无事都自觉保持客观、公正、廓然大公的状态，这就是"道"在纷繁复杂的具体事务中的发用流行；"见道"是修身做学问者，体悟发现天道、天理、"道心惟微"的真谛，证悟智慧的一种体验。前者是具体的，后者是抽象的。正如叔本华在《人生的智慧》中所讲，"除了后天习得的抽象原则之外，我们每个人都具有些许与生俱来的具体原则，它们藏身于我们的血液和骨髓中，是每个人思想、情感和意志的产物。这些具体原则并不是我们在学习抽象原则的过程中感知到的，而是在我们回顾自己的一生时突然发现的。只有到了回顾一生的时刻，我们才会发现，自己在过去的人生中其实无时无刻不在遵循着自己内心深处的那些具体原则在待人行事"。这就是天道、天理、"道心惟微"与《尚书·大禹谟》"惟精惟一，允执厥中"的关系。当然，每个人的具体原则各不相同，而正是这些差异决定了我们的人生走向，把我们引向了幸福或者不幸。但不管这种差异有多大，只要你真心修身做学问，追求孔颜之乐，或者追求禅宗明心见性，或者追求心学的致良知，都会回归本体之乐。这便是"常快活，便是功夫"。

（五）

现在社会上存在的所谓"佛系"的人生态度是值得商榷的。"佛系"一词是 2014 年从日本传入的一个网络用语，主要意思是指无欲无求、不悲不喜、云淡风轻而追求内心平和的生活态度。其突出表现是自己的兴趣爱好永远都放在第一位，几乎所有的事情都想按照自己喜欢的方式和节奏去做。随着使用频率的增加，"佛系 X"又有表示处处不坚持、任意跟风随大流、比较颓废的生活态度的意思。"佛系 X"类词语借鉴了佛教中追求超凡脱俗的人生态度，核心的意思是指"有也可以，没有也可以，无所谓，一切随缘"的人生态度，体现的是一种求之不得干脆降低期待值的无奈，反映的是一种不可取的消极生活态度。但因为它迎合了很多年轻人求新求异求简的心理，又冠以"佛"的善面，从而在年轻人中很快流行开来，人人可以自恰、自嘲，并进而形成一种文化流行开来。针对这一"入侵"势头和"能产性"，廓清并纠偏显得极为重要。

"佛系"善意理性都可以有，但对于年轻人而言，更不应该"佛系"一些。年轻人是人生学思践悟的阶段，需要拼搏、历练，只有达到一定生活阅历的时候，最好是达到所谓"功成名就"时才可能真正步入"佛系"；否则，真的不可能成为"佛系"，而是消极颓废。其差别就像一个真正悟道之人行知于天国世界，一个痴愚之人乞讨于阡陌原野，即使他们内心都拥有同样的所谓的"宁静和喜悦""幸福和快乐"，但他们的思想境界真的像是白昼与黑夜，人生价值更是天壤之别。至于一些年轻人，过早地采取"躺平"状态，或者是拉关系、靠人脉，把精力过多地用于世俗功巧上，不愿意真正地去拼搏、磨炼、学思践悟，道理亦然。诸如《胃垮了，头秃了，离婚了，"90后"又开始追求佛系生活了？》《第一批"90后"已经出家了》，看看有多悲哀！年轻人真的该觉醒了。

现在有一些年轻人常常会讲出一些令长者无语的话来，他们自以为是地认为，不要在意外面的一切，只要在乎自己的内心感受即可，自己感到顺意舒服、感到幸福快乐就是最好的人生，因而采取既省力且简易的人生路径选择，不愿意努力拼搏，本来在一个较高的人生平台上，却一而再、再而三地选择较低的人生平台。当然，也有一些人坚韧地向上攀登，不断地一步一步登上更高的人生平台。要知道，从同一个高度的人生平台出发，一个向下、一个向上，不同的付出和历练，最终会形成反差极大的人生果报。按照中国传统文化所提出的，人生要处理好自身的情感平衡，从某种意义上讲，只要自己的内心感到顺意舒服、感到幸福快乐就是最好的人生，这也是一些年轻人过早地"佛系""躺平"、不去奋力拼搏学思践悟的理论依据。但是年轻人却忽略了中国传统文化提出的人生还要处理好人与人之间的关系，即社会关系。从某种意义上讲，人离开了人就不成其为人，人是社会化的人，而社会化的人，必然有不同的人生平台，平台越高自然站得高、看得远，人生体验自然不同。俗话说"人往高处走，水往低处流"，就是这个道理。这与人人平等、天赋人权一点都不矛盾。中国传统文化提出的人生要解决的第三个问题是人与自然的关系，这也存在着客观的显而易见的差别。就像一个出生在贫困家庭、一个出生在富贵家庭，一个生长在偏僻农村、一个生长在中心城市，人生体验能一样吗？其实，人在处理自身情感平衡中的问题时，不管你是在人生的哪个平台上，不管你是在哪种环境条件下，都是同样存在的。所以，人们常说，君有君的难处，臣有臣的不易，更何况人间真的有天赋异禀、上天眷顾的时候，天生"金羊毛"、苦修而成圣都是人间奇迹。万万不要想当然地认为，自己走向一个较低的人生平台就可以"佛系""躺平"而自在了，当你真的走下去的时候，新的问题一点都不会少，也许可能还会更多。其实，人生的幸福快乐在不断奋斗中才能真正获得，其他的可能都是想当然或者是一时的心理安慰而已。假如说人不管在哪个平台上、不管在哪种环境下都能真正做到"佛系"是正确的，那他们在处理人自身情感平衡问题上获得的幸福和快乐就应该是相当的，那攀登更好的平台、在更好的环境下，人生体验的幸福和快乐显然就是多出来的，而这多出来的也许是巨大的，甚至有可能才是真正意义上的。所以，"人往高处走、水往低处流"这一俗语是人生至理。

人生中要处理好的三个问题，都是以"我"为立论的。人生就是这样，首先要活的是"我"，至于孝敬父母老人，抚养教育孩子，包括齐家、治国、平天下，其前提和首要的是"我"在。按照中国传统文化讲的，首先要办好、管好自己的事，这是前提和基础，就是要"格物、致知、诚意、正心、修身"，说白了，就是"我"要首先成长成才、有本事有能力有舞台。现在有的家长为了孩子而牺牲"我"，这是极大的误区。只要走出这一步，你的人生就笃定是失败的了，因为你没有以"我"为中心。这里的"以我为中心"是指自身的成长进步、发展完善，这是首要的，也是最重要的，这与自私自利完全是两码事。只有自己学有所成，有能力有本事，有人生舞台，才能更好地孝敬老人、培养教育孩子、齐家兼济天下。俗话说"儿孙自有儿孙福，莫为儿孙作马牛"，讲的就是不要让你迷失了方向。当然，孝敬老人那是为人子女者必须履行的责任义务，培养教育孩子那是为人父母者必须履行的责任义务，但这个关系万万不能颠倒了。要知道，孝敬老人、培育孩子只是人生要处理好的三个关系中，特别是人与人之间亲情关系中的很小的一部分，因为孝敬老人真正需要特别护理的可能是在不能自理的时候（更何况现在还有社会养老机构）；抚养教育孩子真正需要特别费功夫的时候，主要是上幼儿园之前（可以请老人帮忙、请人照看），其他绝大部分时间是由社会组织（其他人）承担的。而且，其中老人的状况，特别是身体健康状况和孩子自身的努力、悟性，才是起决定性作用的。为人子女、为人父母在其中所起的作用都是很有限的，即使很重要，也只是很小一部分作用。对年轻夫妇的一生而言，只是在处理人与人之间亲情关系中的一小部分职责而已。老人送走了，孩子成人了，自己的人生道路却是十分漫长的。因此，牺牲自己的成长进步，哪怕是一点点都是失算的、得不偿失的。因为其中所起的作用向来重要，真正想明白后我们发现，它们真正起到的作用其实非常有限。因此，最好的建议是：没有必要为此而忧心忡忡，当你努力做好当下的事，你就会惊喜地发现你的担心已经烟消云散，该尽的责任义务必须尽到，无非是自己年轻时需要付出更多的努力（那也是值得的），但不要做出任何不利于自己人生事业发展的事来，哪怕是一点点。最终，活出真实的自我，这才是最重要的。

第十二讲

传统文化之光

中华文明，生生不息、源远流长，以其久远神秘的智慧，独步天下的文化传承，令举世赞叹不已。朱熹说："未知未能而求知求能，之谓学；已知已能而行之不已，之谓习。"

人不仅是一个物质生命体，而且是一个精神生命体，人是物质和精神结合在一起的高级生命体。中国文化的根本精神就在于它的人文文化特质。我们在宣传阐释中国传统文化的时候，应该特别看重、关注这一点。

（一）

"文明"一词源自中国古代。西周时期有一部书，叫《尚书》，该书中有一篇《尧典》，文中首先提出"文明"一词：治国者，他的道德和知识水平，应该像太阳一样光芒四射，这就叫作文明。西周时期，大概是周穆王时期，在思想界有一个大争论，一直延续了很长时间，叫文野之争，也叫文野之辩。文就是文明，野就是野蛮。那时就有一些知识界的精英代表，认为人类社会整个历史，是摆脱野蛮、不断走向文明的历史，也就是把历史作为一个文明史。这个认识，在几千年后的今天来看也是正确的。人类在漫长的历史过程中，为了摆脱野蛮，追求文明，建立文明，所积累的丰富经验，以及所留下来的深刻教训，就是文化。其中，丰富的经验是文化中的优秀文化，深刻的教训，用"惟精惟一，允执厥中"批判、纠正违反天道人心的错误事物，亦是文化进步的一个组成部分。讲文化，不能离开文明作为目标，整个文化的目标就是文明，使得文明不断深化、持续发展，在此过程中形成的经验和教训，就称为文化。

中国传统文化是中华文明演化而汇集成的一种反映民族特质和风貌的民族文化，是民族历史上各种思想文化、观念形态的总体表征，是指居住在中国地域内的中华民族及其祖先所创造的、为中华民族世世代代所继承发展的、具有鲜明民族特色的、历史悠久、内涵博大精深的文化。它是中华文明、风俗、精神的总称。中国传统文化内涵异常丰富，除了儒家文化这个核心内容外，还包含其他文化形态，如道家文化、佛教文化、法家文化、墨家文化、兵家文化等。

儒家文化对人间的秩序和道德价值讲得很清楚。《诗经·大雅·烝民》中讲："天生烝民，有物有则。"《列子·仲尼》中讲："不识不知，顺帝之则。"说明中国古代先民最早是把人间秩序和道德价值归源于自然法则，即所谓"帝"或"天"。但是到孔子的时候，他提出"天道远，人道迩"，认为"人"是关键，"天"太远了！孔子以"仁"作为最高的道德价值，这个价值内在于人性，其源头仍在于天，不过这个超越的源头"天"不是一般语言能讲得明白的，只有每个人自己去体验，即所谓"夫子之言性与天道不可得而闻也"。王阳明把良知作为最高的道德价值，这个价值也是内在于心。

1993年，湖北省荆门市郭店村出土了一批楚国的竹简。据推断，这些楚国的竹简出自公元前300年左右。楚简中有一篇文章叫《性自命出》，其中有"道始于情"四个字。这里说的"道"是"人道"，不是"天道"，是讲人与人之间关系，或者说是社会关系的原则。也就是说，人与人之间的关系是从感情开始建立的。这是孔子仁学的基本出发点。孔子说："仁者，爱人。"这种"爱人"思想到底有什么根据，是从什么地方来的呢？《中庸》引用孔子的话说："仁者，人也，亲亲为大。""仁"，是人自身的一种品德；"亲亲为大"，就是爱自己的亲人是最根本的出发点。仁爱的精神是人自身所具有的，而爱自己的亲人是最根本的。楚简中说，"亲而笃之，爱也。爱父，其攸爱人，仁也"。爱自己的亲人，这只是"爱"，爱自己的父亲，扩而大之爱别人才叫作"仁"。"孝之放，爱天下之民"，孝的放大，要爱天下的老百姓，不仅仅是爱自己的亲人，要爱天下之民。孔子的仁学是要由"亲亲"出发，就要人人爱自己的亲人，推广到仁民，仁爱老百姓，要"推己及人"；孟子要"老吾老以及人之老，幼吾幼以及人之幼"，才叫作

"仁"。"仁"的准则:"己所不欲,勿施于人""己欲立而立人,己欲达而达人""为仁由己""克己复礼为仁,一日克己复礼,天下归仁焉。为仁由己,而由人乎哉?"(《论语》)费孝通解释说:"克己才能复礼,复礼是取得进入一个社会人的必要条件,扬己与克己也许正是东西文化差别的一个关键。"

文化可以分为表层文化、中层文化和底层文化。表层文化,即衣食住行文化。中层文化,即制度文化,包括社会生活的风俗、礼仪、宗教、艺术、制度、法律等。底层文化,即民族的伦理观、价值观、世界观。中国传统文化的核心表现,最根本的是形成了全民族共识的底层哲学文化,即伦理观、价值观、世界观。

伦理观。概括起来,就是忠、孝、仁、义、信。仁是儒家思想的核心。"仁"是二人或二人以上相处的原则,孔子讲"仁者爱人",就是说人与人相处的原则,都应该是"爱"。孔子还讲,父慈,爱自己的孩子,孩子应该孝敬他,这个"爱"在父子之间、两代人之间是以"孝"来体现的。继而推广到国家,封建社会对国家就叫"忠"。那么,作为个人怎么处理自己和社会、国家、国君的关系,就是义。义者,宜也,宜就是适当,就是自己处在什么位置上就尽力做好自己的事情。尽好自己的那份心,就叫"义"。所以,自己在这个位置上该尽力的事务就叫"义务"。朋友之间讲义气,是指作为朋友尽了朋友之道了。孔子说:"人无信不立,人而无信不知其可也。"人不讲诚信在社会上是站不住脚的,是要被社会淘汰的。自身无信,事业就立不了。古人有立德、立功、立言之说。德就是作为一种德行要留给社会,说的话要能对社会有用,做事情要言行一致,要做功。

价值观。大家都常说"修齐治平",即修身、齐家、治国、平天下。这是非常典型的中国人的理想和价值观念。它要求自己修养好了,要推己及人、及妻子、及孩子、及兄弟,这就是所谓的齐家。自己修养好了要让全家人都达到你的这个水平。这还不够,还要把家里的道德伦理,治家的方法再扩大开去,要治国。最后是平天下。"平",是均衡的意思,大家都均衡,没有高低悬殊太大，这样就和谐。

修身做学问。《周易·乾·文言》中讲："君子进德修业。忠信，所以进德也；修辞立其诚，所以居业也。知至至之，可与几也。知终终之，可与存义也。是故居上位而不骄，在下位而不忧。故乾乾因其时而惕，虽危无咎矣。"意思是说，要加强道德修养，钻研学问，掌握丰富的知识，忠诚无私，守信用，就可以议论处理政务，就可以掌管处理取予之事。这样的人，即便身处显达职位也不会傲慢，处在卑贱地位也不会发愁。这样的人能够努力向上进取，自强不息，时刻保持谨慎小心，即使在危险面前也能化险为夷。另外，儒家特别强调"君子慎独"，意思是说，要成为君子，就必须特别谨慎。当独处没人监督的时候，仍能自觉地遵守规矩；当独处没人监督的时候，依然能够修身养性、不断提升自己。

宋代理学家张载概括的"为天地立心，为生民立命，为往圣继绝学，为万世开太平"，成为千百年来知识分子的座右铭。"为天地立心"，是说要研究总结大自然的、客观的包括社会的规律；"为生民立命"，是说要为老百姓创造一个良好的生存发展环境和条件；"为往圣继绝学"，是说要将快断绝的先圣学说发扬光大，主要指的是儒家的核心思想。"为万世开太平"，是说为万世太平开个头，后人一代一代地继续做下去。这就是中国人的价值观。

世界观，就是"唯物"。儒家提倡养心，从来不脱离实际的事物，只是顺应天道自然，那就是儒家的功夫。所以，儒家的思想是可以治天下的。但如果修身做学问以治天下为目的，就功利了，就与初衷背道而驰了。而佛教却是要完全和实际的事物隔绝，把心看成幻象，慢慢便进入虚无空寂中去了，他们与世间再没有什么联系，所以，佛教理论不可以治天下。

（二）

孔子讲，君子在一切的人文上博学，又能归纳到一己当前的实践上，该可与大道没有背离了。《中庸》中讲："极高明而道中庸。"所谓"极高明"，就是心里要明白，要去追求哲学上的最高原则"仁"（王阳明所说的"良知"），要追求哲学上的最高要求，人必须有"仁"的品德。"仁""良知"，就是要去人欲存天理，在现实社会生活中，就是要始终坚持大公无私、公道正派，走一条不偏不倚的处世之道，此所谓"道中庸""惟精惟一，允执厥中"。这就是中国传统文化中所讲的最高理想"内圣外王之道""修身齐家治国平天下"。"极高明而道中庸"体现的是超越境界与现实态度的统一。"极高明"的境界并非要在多高的地位上获得，而在平凡的日常生活中便可达到。"极高明而道中庸"境界高明，却立足于现实。

《中庸》中讲："君子之中庸也，君子而时中；小人之中庸也，小人而无忌惮也。"朱熹在注释"时中"时说："盖中无定体，随时而在，是乃平常之理也。"也就是说，"中庸"是因"时"而"中"的，强调的是当下时刻、时时刻刻都要"中"。在日常生活中，做到"中"是很难的，因为"中"在实践中本来就很难把握，人们不可能一劳永逸地抓住它，然后照本宣科地去实践。更何况人们往往还会受大脑无意识思维的操控，要完全做到"时中"简直比登天还难，也许只有圣人才能做到。所以，《中庸》才有"极高明而道中庸"的说法。这正是《尚书·大禹谟》"惟精惟一，允执厥中"所蕴含的要义——圣人悟道、道中有道的"精一"，它是修身做学问悟道成圣的指引。

孟子说："尽其心者，知其性也；知其性，则知天也。"南宋理学家朱熹讲"仁"，"在天地则盎然生物之心，在人则温然爱人利物之心"。"天心"就是说，自然界的要求本来是仁爱的，是生生不息的；"人心"也不能不仁，

"人心"和"天心"是贯通的。儒家的这套仁学，从哲学上看是一种道德的形而上学，这个形而上学不是和辩证法相对的那种形而上学，而是传统的形而上学，是讲超越的（形而上者谓之道，形而下者谓之器）。因此，《中庸》中讲："诚者，天之道也；诚之者，人之道也。"天道作为超越的宇宙的运行规律，是真实无妄、本来如此的。因此，人道即人与人、人与社会的关系也应该是真实无妄、本来如此的。

修身做学问，必须首先学习古人的义理，心中明道，从中受益、精神上升华，这种益处虽然不得见，却实实在在蕴含在自己的气质和文化底蕴中。作家三毛说："读书多了，容貌自然改变。"《孟子·离娄章句下》中讲："君子深造之以道，欲其自得之也。自得之，则居之安。居之安，则资之深。资之深，则取之左右逢其原，故君子欲其自得之也。"意思是说，君子要按照正确的方法深造，是为了使他自己获得道理，并能够牢固地掌握它，通过不断积蓄，使其能够左右逢源、取之不尽。所以说，君子就是为了自得，自己获得道理。程颢在《答横渠先生定性书》中讲："君子之学，莫若廓然大公，物来而顺应。"正讲明了君子为学，修心养性，开阔胸襟，大公无私，遇到事情时能坦然自如地应对。

毛泽东到曲阜孔庙，他说他看到了孔子的弟子濯足的那条小溪，看到了圣人幼年所住的小镇，还看到了孔子栽种的树，还在孔子有名的弟子颜回住过的河边停留了一下。他也看到了孟子的出生地，看到大成殿，他想到孟子对孔子的评价，"伯夷，圣之清者也；伊尹，圣之任者也；柳下惠，圣之和者也；孔子，圣之时者也。孔子之谓集大成"。毛泽东的整个身心都充满文脉通流和昭明灵觉，这就是穿越。穿越时空，有根有据，睹物见古人，发于心观物，见物仍发于心观之。这就是道必学而后明的体现。

读书学习的方法很多，要找到适合自己的方法，要坚持循序渐进、熟读精思，要坚持切己体察、理论联系实际，要排除杂念、专心致志，要发愤忘食、着紧用力。切不可急于求成、虎头蛇尾，浅尝辄止、半途而废。

（三）

孟子继孔子之后对儒学的发展有着巨大的贡献，他极力推崇舜的孝行，而且倡导人们努力向舜看齐，做舜那样的孝子。他说道："舜，人也；我，亦人也。舜为法于天下，可传于后世，我由未免为乡人也，是则可忧也。忧之如何？如舜而已矣。"

"道心惟微，惟精惟一，允执厥中"，尧、舜、禹三代沿袭，唯以此为教。王阳明在《传习录》中讲道："圣人有忧之，是以推其天地万物一体之仁以教天下，使之皆有以克其私，去其蔽，以复其心体之同然。"圣人深表忧虑，所以，推广他的天地万物一体的仁学来教化天下，让每个人都能克制私心，去除物欲蒙蔽，恢复人们原本相同的本心。

自夏、商、周三代之后，王道衰微而霸术昌盛，孔子、孟子去世后，更是教的人不肯再教圣学，学的人不肯再学圣学。施行霸道的人，窃得与先王相似的东西，借助外在的知识来满足私欲，天下人竞相模仿他们，圣人之道因此被丛生的荆棘阻塞了。人与人之间彼此效法，每天所关心的只是富强的技巧、倾诈的阴谋和攻伐的战略，只要能够欺天罔人得到一时的好处，可以获取声名利益的方法，人人都去追逐。时间一长，人与人之间的斗争、掠夺，祸患无穷，到最后甚至就连霸道权术也无法再推行了。王阳明在《传习录》中讲："三代之衰，王道熄而霸术昌，孔孟既没，圣学晦而邪说横。教者不复以此为教，而学者不复以此为学。""盖至于今，功利之毒沦浃于人之心髓而习以成性也，几千年矣。"所以，王阳明讲，"夫拨本塞源之论不明于天下，则天下之学圣人者，将日繁日难，斯人沦于禽兽夷狄，而犹自以为圣人之学"。三年龙场苦修悟道后，王阳明提出一整套的心学理论，以图恢复圣学。

（四）

若坚信所有的事情都用心做到"惟精惟一，允执厥中"，当你在看到所有古今中外的圣贤智慧和伟大人物论述的时候，是非曲直一勘尽破。

修身做学问，阅读拓宽我们的思想视野，而真正的世界，需要我们迈出脚步去亲身体验。一个人的眼界，会随着他走过的路而发生改变，在很多事情上，我们的认知也会不断提高。1913 年，毛泽东在《讲堂录》中写道："游之为益大矣哉！登祝融之峰，一览众山小；泛黄勃之海，启瞬江湖失；马迁览潇湘，泛西湖，历昆仑，周览名山大川，而其襟怀乃益广。"毛泽东又写道："闭门求学，其学无用。欲从天下万事万物而学之，则汗漫九垓，遍游四宇尚已。"他赞赏古人"读万卷书，行万里路"的治学之道。向往司马迁周览天下名山大川、开阔胸襟的壮举。修身做学问，不但要读有字之书，还要读无字之书，这不仅对形成和发展宽广的胸怀，坚强的意志，达观、幽默、豪放性格具有重要作用，而且对于体悟发现自然之理、证悟智慧具有重要作用。

修身做学问，所经历过的事，决定我们胸怀的广度。韩信胯下之辱，可以说是家喻户晓的故事。他在成为西汉的开国功臣之前，确实有过一段穷困潦倒的生活。后来协助刘邦匡扶天下，成了大名鼎鼎的人物。当他受封再次回到楚地的时候，还召见过在街上羞辱他的小混混。可韩信不但没有杀之而后快，反而颇为感谢，并对众人说："昔日，他侮辱于我，可立刻斩杀其于剑下，然杀他不能助我扬名，索性隐忍，才有了今天的成就。"《论语·子张》中讲，子夏的门人问子张关于交友的问题。子张问，子夏是怎么说的？子夏的门人讲，（子夏讲）"可者与之，其不可者拒之"。子张说："异乎吾所闻，君子尊贤而容众，嘉善而矜不能。"子夏与子张讲得不一样，但他们都是对的。因为，人在孩童的时候，父母要经常提醒孩子谨慎交友，要时刻关注孩子与什么样的人相处，防止受到伤害或跟着不良的人学坏了；但到成人后，就不能过分择友，要学会与社会上各种各样的人打交道，始终抱着"遇事虚怀观一是，与人和气察群言"的态度去处世、与人打交道，通过阅人无数，从所经历的人和事上下功夫。

人生中见过什么样的人，也决定着一个人思想境界的高低。1918 年夏天，25 岁的毛泽东从湖南老家来到北京，经老师杨昌济的介绍，在北大图书馆做了一名助理馆员。在北大图书馆的日子里，毛泽东认识了许多新文化运动的风云人物，使他眼界大开。与陈独秀的会面，令"睡在鼓里"的毛泽东茅塞顿开。1937 年，已经率领红军完成二万五千里长征的毛泽东对斯诺说，陈独秀谈自己信仰的那些话，对他产生了深刻的影响。少年刘伯承，他的父亲刘文炳为他请了一位学识、气质不凡的私塾先生任贤书。任贤书早年参加太平天国运动，他的学识、眼界和对社会的观察、了解、认识的深度都是非常深厚的。他懂兵法、精武术，在跟随石达开兵败大渡河后，流亡藏匿于大巴山中。刘文炳发现此人非同一般便聘请他做私塾先生。刘伯承从 5 岁开始，跟随他学习文化知识，接受他的启蒙教育。刘伯承聪明好学，悟性很高，深得任贤书的喜爱和器重，业余时间任贤书教他练习武术。一直到 12 岁，刘伯承开始接受新式教育为止。这大约 7 年的启蒙教育，对刘伯承的思想和人生产生了深远的影响。《明史·朱升传》中讲，明朝建国以前，朱元璋召见一个元末儒生朱升，他是安徽省休宁县人，问他在当时形势下应当怎么办？朱升讲："高筑墙，广积粮，缓称王。"朱元璋顿开茅塞，采纳了他的意见，取得了胜利，最终建立了明朝。历史上这样得到高人指点、虚心纳谏、从谏如流而成就事业者有很多。人的一生中如果经常得到高人指点，特别是在最需要的时候，能够得到高人指点，那是最幸运不过的事：能够驱散阴霾，使人的心胸豁然开朗；能够坚定意志、增强信心；能够指引方向、成就事业。正所谓"与君一席话，胜读十年书"。

（五）

古代圣人执政，以道为根本，因时致治。虽然律法与时代一起变动，礼制与习俗一起变化，但天之实理即天道是不变的，是根本的。只有精通圣哲的经典、先贤的天理，并以此去教化人，才能使人们回心向道。当圣学不明，人们不能信守礼约，社会就会出现危机。只要我们能够在去私欲、存天理上下功夫，尽心修身做学问，真心回心向道，那么，不仅社会一定会更加和谐美好，而且我们也可获得真正的幸福和快乐。

修身脱俗，在平常人眼里是百痛千难，但在修身做学问者心中却是意密无限。托尔斯泰说，"世界上只有两种人：一种是观望者，一种是行动者"。傅说（约前1335—前1246）讲道："知之非艰，行之惟艰。"懂得道理并不难，实际做起来就难了。所有人都会有自己的思想和期望，但是梦想成真的人却是少数。

（六）

大礼不辞小让，细节决定成败。老子讲道："天下大事必作于细，天下难事必作于易。"李斯说道："泰山不拒细壤，故能成其高；江海不择细流，故能就其深。"生活包含细节，工作重在细节，人生看重细节。细节，就是那些看似普普通通、平平凡凡，却又十分重要的事情。也有人说，细节，就是每件大事背后的小事。从很大程度上说，细节，是一种精神，一种在工作和生活中实实在在、尽心敬业的精神。注重细节，是人生的一种态度，只要你处处用心去对待，每一个人都是能够拥有这种精神与态度的。伏尔泰讲道："使人疲惫的不是远方的高山，而是鞋子里的一粒沙子。"1913年，毛泽东在《讲堂录》中写道："人立身有一难事，即精细是也。能事事俱不忽略，则由小及大，虽为圣贤不难。不然，小不谨，大事败矣。克勤小物而可法者，陶桓公是也。"陶侃为东晋时期名将，他生性聪慧敏捷，做人谨慎，为官勤恳，整天严肃端坐。军中府中众多的事情，自上而下去检查管理，没有遗漏，不曾有片刻清闲。招待或送行有序，门前没有停留或等待之人。

古人云："百尺之栋，基于平地；千丈之帛，一尺一寸之所积也；万石之钟，一铢一两之所累也。"意思是说，要涵养脚踏实地的务实作风。要勤勤恳恳做好每一件小事，严以自律管好每一个细节。把一件件小事都做好了，把一个个细节都守住了，修身做学问就自然而然地成就了。我曾经参加一个好朋友妻子的葬礼，因为我这位朋友十分悲痛，按照他自己的话说就是"撕心裂肺的痛"，但我听他说过来讲过去，只有一点我听明白了，那就是"我的妻子很能干，家里大大小小的事，她都全扛了，我们这个家一点都没让我操心"。如果能做好这一点就很不简单。对于一个文化程度不是很高的女性来说，她能够得到家庭和丈夫的最终认可，难吗？其实不难，因为这位妻子已经养成了脚踏实地的务实作风。可即便在高级知识分子家庭或高官家庭，也不乏因日常家务的琐事引发矛盾、争执，甚至升级为肢体冲突。在某些极端情况下，这些矛盾可能激化到不可调和的地步，导致婚姻破裂。我认为，这位朋友的妻子算是圆满了。

现在很多独生子女家长讲："我家的孩子宅得很，一天到晚待在家里，大门不出，二门不迈。"男孩子、女孩子都"宅"在家里，对象也找不到，家长干着急，没办法。孩子们还说："真是皇帝不急太监急。"你多出去锻炼锻炼身体，搞点有氧运动，爬爬山、逛逛公园总可以吧？不去！一个字"懒"！这是说的身懒。还有一个笑话，是讲现在的小孩，家里的酱油瓶子倒了都不扶，眼睛看到了也装作没看到，不扶也就算了，那你叫一声，让大人去扶也行啊，却懒得开口，人家的心根本就是无动于衷。你说这还了得！为了避免眼懒、手懒、口懒、心懒，应当培养一种脚踏实地的吃苦精神。"夏禹勤王，手足胼胝，文王旰食，日不暇给。"(《世说新语·言语第二》)意思是说，夏禹操劳国事，手脚都长了茧子；周文王忙到天黑才吃上饭，总觉得时间不够用。《旧唐书·李百药传》中记述唐太宗李世民："退思进省，凝神动虑，恐妄劳中国，以事远方；不籍万古之英声，以存一时之茂实。""心切忧劳，迹绝游幸，每旦视朝，听受无倦；智周于万物，道济于天下。""罢朝之后，引进名臣，讨论是非。""才及日昃，命才学之士，赐以清闲，高谈典籍，杂以文咏，间以玄言，乙夜忘疲，中宵不寐。"毛泽东称此为李世民四种工作方法并极为赞赏。这需要多大的毅力和辛勤付出啊！时间是多么宝贵啊！可是，我们很多人却把大量时间用来打扑克牌、打游戏、打麻将，确实令人感叹，也令人感到悲哀。

修身做学问，恒心很重要。大家可能会有同感，做某一件事，刚开始第一阶段干劲十足，进入第二阶段就开始萎靡不振，第三阶段就沦落到彻底放弃。最终，一切努力都付诸东流，不仅没有取得任何成果，反而还增加了自己的焦虑和压力。所以，人到最后，拼的不是运气和聪明，而是毅力。要经受住磨难，耐得住孤独，坚持、坚持、再坚持，才能到达最后成功的那一刻。修身做学问还必须专心，不能眉毛胡子一把抓，什么都想干，头绪繁杂，摊子铺得很大。《曾文正公家书》中讲："吾阅性理书时，又好作文章；作文章时，又参与他务，以至百无一成。"毛泽东曾言："此言岂非金玉。"可现实生活中，有多少人，看到什么就想干什么，那能干得过来吗？正所谓"听风就是雨"。结果"东一榔头西一棒槌"，什么都干不好、学不好，一天到晚忙的饭都吃不上，却无一事能干成，无一行能精通。持之以恒要讲究方式方法。有的时候，没有经历就没有体会，没有体会就没有坚持。学习要培养兴趣，要读经典、读原著，要博览群书。要活到老学到老，要像木匠"钉钉子"那样"挤"时间，要像木匠"钻木头"那样"钻"进去。据记载，毛泽东最后读书的时间，是1976年9月8日5时50分，在全身布满多种监护抢救器械的情况下读了《容斋随笔》7 分钟，十几个小时后与世长辞。毛泽东几乎是在他的心脏快要停止跳动的时候，才结束了一生中从未间断过的读书生活。毛泽东这种活到老、"挤"到老、"钻"到老的精神值得我们永远学习。

习劳止殆励精。东晋时期名将陶侃，闲时总是在早上把 100 块砖运到书房的外边，傍晚又把它们运回书房里。别人问他为什么要这样做？他回答说："我正在致力于收复中原失地，过分的悠闲安逸，唯恐难担大任。"他就是这样劳其筋骨以励其志。毛泽东对陶侃评价很高，把他与 17 世纪英国资产阶级革命家、宣布成立共和国的克伦威尔和美国开国元勋华盛顿齐名。"陶侃运甓习劳，克将军驱猎山林，华盛顿后园斫木。盖人之神也有止，所以瘁其神也无止，以有止御无止则殆。圣人知之，假是以复其神，使不瘁也。"（《致萧子升信》）其实，"习劳"不仅可以止殆，而且可以有心得，实践出真知，特别是一些使身体达到极限时的"习劳"，会使人得到意想不到的体验和感悟。宽泛地说，身勤、眼勤、口勤、手勤、心勤，这"五勤"也可以称为"五习劳"，如果真的勤了，苦思、苦行、苦学、苦练所积，何愁修身做学问不成？

要修身以俟。《庄子·逍遥游》中载："且夫水之积也不厚，则其负大舟也无力。覆杯水于坳堂之上，则芥为之舟。置杯焉则胶，水浅而舟大也。"显然，修身做学问的功夫达不到，是很难超凡脱俗的。在生活中，我们也会遇到那些只管认真做事，身上又有坚持不懈精神的，这类人成功是很容易的。家庭里如果有个这样的人，基本上你就不用操心了，很多事情他都会安排好，就像曾国藩一样，作为家中的老大，为父母的健康操心，为弟弟们的前途担心，为家族的兴旺操心。正是有这样一个人，曾家才能够得以兴旺。虽然有点夸大曾国藩在曾家的作用，但是事实上确实如此。

总之，只要"道"在心中，并且始终坚持在知行合一上下功夫，自然就能够达到"发愤忘食""乐以忘忧"的境界。修身做学问，是一个渐进的过程，要时时刻刻用功，在人情事变的每一件事上"磨"，不能有预期，不能有懈怠，不能揠苗助长。只要坚持不懈，我们的心体就会日益由紧张变得轻松，由忧患变得快乐，由昏暗变得光明。这是因为我们觉知后，明道、遵道、关注生命、专注当下、直心而行，这是做学问和个人成大的必然结果。这就好比滔滔黄河水放在缸里，刚开始虽然稳定下来了，但也是浑浊的，必须要等一段时间，待到泥沙沉淀、杂物去除干净后，水才能变得清澈。"惟精惟一，允执厥中"就是这样，学思践悟，忧就可以转化为乐，苦就可以转化为甘，祸就可以转化为福，心自然就安泰了。《礼记·礼运》中描述大同世界的社会景象说："大道之行也，天下为公。选贤与能，讲信修睦，故人不独亲其亲，不独子其子，使老有所终，壮有所用，幼有所长，矜、寡、孤、独、废疾者皆有所养，男有分，女有归。货恶其弃于地也，不必藏于己；力恶其不出于身也，不必为己。是故谋闭而不兴，盗窃乱贼而不作，故外户而不闭，是谓大同。"《孟子》讲："人皆可以为尧舜。"这些我都坚信不疑，并促使我有了一种强烈的使命感。

第十三讲

太极图说新解

陰陽流轉

太极图是以黑白两个鱼形纹组成的圆形图案，俗称阴阳鱼。太极一词最早出现在《易传·系辞上》中，它是中国古代的哲学术语，意为派生万物的本源。太极图形象化地表达了阴阳轮转、相反相成是万物生成变化根源的哲理。《太极图说》是宋代周敦颐为其《太极图》写的一篇说明。

《太极图说解》是朱熹通过对周敦颐《太极图说》进行解说，借以阐发自己的哲学本体论而写成的古籍，是其理学思想的代表作之一。

《太极图说新解》是我通过对《太极图说》和《太极图说解》的研习思考，结合自己的体悟发现，在朱熹《太极图说解》基础上进行了一些修校和补充，虽修校和补充文字不多，但却有重要的修校、补充内容。

以下正文中加黑字体为周敦颐《太极图说》原文，其他文字为《太极图说新解》内容。

无极而生太极。

"无极"，无声无臭、冲漠无朕；虽名之为无，但无中包含着有，因而不是绝对的虚空。"无极而生太极"。太极不像无极那样幽深悠远、绵绵莽莽、渺渺茫茫，而是一个立体的、活脱脱的、可形可状的非平常人可见的具象之物，是一个宇宙统一的原始实体。太极有象，可灼然实见者，一阴阳球也。无极是道之本体；太极是道之用器。道之本体为无极、道器是太极，太极之外，复有无极。太极乃天道生生之理型道器，形而上为道，形而下为器，道器一体，体用一源。故程子曰："形而上为道，形而下为器，须着如此说。然器，亦道也，道，亦器也。"

太极动而生阳，动极而静，静而生阴。静极复动。一动一静，互为其根；分阴分阳，两仪立焉。

太极之有动静，是天命之流行也，所谓"一阴一阳之谓道"。无极而生太极；无极之诚，太极生生。诚者，圣人之本，物之终始，而命之道也。太极其动也，诚之通也，继之者善，万物之所资以始也；其静也，诚之复也，成之者性，万物各正其性命也。动极而静，静极复动，一动一静，互为其根，命之所以流行而不已也。动而生阳，静而生阴，分阴分阳，两仪立焉，分之所以一定而不移也。盖太极者，本然之妙也；动静者，所乘之机也。是以自其著者而观之，则动静不同时，阴阳不同位，而太极无不在焉；自其微者而观之，则冲漠无朕，而动静阴阳之理，已悉具于其中矣。虽推之于前，未见其始之合；然引之于后，却见其终之离。莫知其生，初无声臭之可言；但知其离，入于太一而无朕。故程子曰："动静无端，阴阳无始。"非知道者，孰能识之。

阳变阴合，而生水、火、木、金、土。五气顺布，四时行焉。

有太极，则一动一静而两仪分；有阴阳，则一变一合而五行具。然五行者，亦皆出乎自然，其质具于地，而气行于天者也。以质而语其生之序，则曰水、火、木、金、土，而水、木，阳也，火、金，阴也。以气而语其行之序，则曰木、火、土、金、水，而木、火，阳也，金、水，阴也。又统而言之，则气阳而质阴也；又错而言之，则动阳而静阴也。盖五行之变，至于不可穷，然无适而非阴阳之道。至其所以为阴阳者，则又无适而非太极之本然也，夫岂有所亏欠闲隔哉！

五行，一阴阳也；阴阳，一太极也；太极，本无极也。五行之生也，各一其性。

五行具，则造化发育之具无不备矣，故又即此而推本之，以明其浑然一体，莫非无极之妙；而无极之妙，亦未尝不各具于一物之中也。盖五行异质，四时异气，而皆不能外乎阴阳；阴阳异位，动静异时，而皆不能离乎太极。至于所以为太极者，又初无声臭之可言，是性之本体然也。太极之生，含动静阴阳之理；太极之成，含化育生物之性。天下岂有性外之物哉！然五行之生，随其气质而所禀不同，所谓"各一其性"也。各一其性，则浑然太极之全体，无不各具于一物之中，而性之无所不在，又可见矣。

无极之真，二五之精，妙合而凝。乾道成男，坤道成女。二气交感，化生万物。万物生生，而变化无穷焉。

夫天下无性外之物，而性无不在，此无极、二五所以混融而无闲者也，所谓"妙合"者也。"真"以理言，无妄之谓也；"精"以气言，不二之名也；"凝"者，聚也，气聚乃性命之理具，入于太一而化育成形。盖性为之主，而阴阳五行为之经纬错综，又各以类凝聚而成形焉。阳而健者成男，则父之道也；阴而顺者成女，则母之道也。是人物之始，以气化而生者也。气聚成形，形交气感，遂以形化，而人物生生，变化无穷矣。自男女而观之，则男女各一其性，而男女一太极也；自万物而观之，则万物各一其性，而万物一太极也。盖合而言之，万物统体一太极也；分而言之，一物各具一太极也。所谓天下无性外之物，而性无不在者，于此尤可以见其全矣。子思子曰："君子语大，天下莫能载焉；语小，天下莫能破焉。"此之谓也。

惟人也，得其秀而最灵。形既生矣，神发知矣，五性感动，而善恶分，万事出矣。

此言众人具动静之理，而常失之于动也。盖人物之生，莫不有太极之道焉。然阴阳五行，气质交运，而人之所禀独得其秀，故其心为最灵，而有以不失其性之全，所谓天地之心，而人之极也。然形生于阴，神发于阳，五常之性，感物而动，而阳善、阴恶，又以类分，而五性之殊，散为万事。盖二气五行，化生万物，其在人者又如此。自非圣人全体太极有以定之，则欲动情胜，利害相攻，人极不立，而违禽兽不远矣。

圣人定之以中正仁义，而主静，立人极焉。故圣人与天地合其德，日月合其明，四时合其序，鬼神合其吉凶。

此言圣人全动静之德，而常本之于静也。盖人禀阴阳五行之秀气以生，而圣人之生，又得其秀之秀者。是以其行之也中，其处之也正，其发之也仁，其裁之也义。盖一动一静，莫不有以全夫太极之道，而无所亏焉，则向之所谓欲动情胜、利害相攻者，于此乎定矣。然静者诚之复，而性之真也。苟非此心寂然无欲而静，则又何以酬酢事物之变，而一天下之动哉！故圣人中正仁义，动静周流，而其动也必主乎静。此其所以成位乎中，而天地日月、四时鬼神，有所不能违也。盖必体立、而后用有以行，若程子论乾坤动静，而曰："不专一则不能直遂，不翕聚则不能发散"，亦此意尔。

君子修之吉，小人悖之凶。

圣人太极之全体，一动一静，无适而非中正仁义之极，盖不假修为而自然也。未至此而修之，君子之所以吉也；不知此而悖之，小人之所以凶也。修之悖之，亦在乎敬肆之闲而已矣。敬则欲寡而理明，寡之又寡，以至于无，则静虚动直，而圣可学矣。肆则欲动情胜，利害相攻，则邪恶倡，而人极不立矣。虽圣人全体太极有以定之，然天道何以缚约或审判邪恶，非所谓人之极所能为也，此乃天道无极之极也；圣人可以通过修全夫太极之道，而体悟发现天道无极有对邪恶之缚约与审判，此乃圣人太极复归于天道无极者也。正如《中庸》所讲："天地之道，可一言而尽也。其为物不贰，则其生物不测。"故曰：无极而生太极，太极之外复有无极也。

故曰立天之道，曰阴与阳；立地之道，曰柔与刚；立人之道，曰仁与义。又曰原始反终，故知死生之说。

阴阳成象，天道之所以立也；刚柔成质，地道之所以立也；仁义成德，人道之所以立也。道一而已，随事着见，故有三才之别，而于其中又各有体用之分焉，其实则一太极也。万物之显像世界，实有太极之原也。知阴阳太极之生离，乃明世间万物之终始，前者即理型道器世界，后者即宇宙现实万物。太极之生与离，万物之终与始，分之所以一定而不移也。阳也，刚也，仁也，物之始也；阴也，柔也，义也，物之终也。能原其始，而知所以生，此乃阴阳太极之妙也；能反其终，而知所以死，此乃天道无极之极也。此天地之闲，纲纪造化，流行古今，不言之妙。圣人作易，其大意盖不出此，故引之以证其说。

大哉易也，斯其至矣！

易之为书，广大悉备，然语其至极，则此图尽之。其指岂不深哉！抑尝闻之，程子昆弟之学于周子也，周子手是图以授之。程子之言性与天道，多出于此。然卒未尝明以此图标人，是则必有微意焉。学者亦不可以不知也。

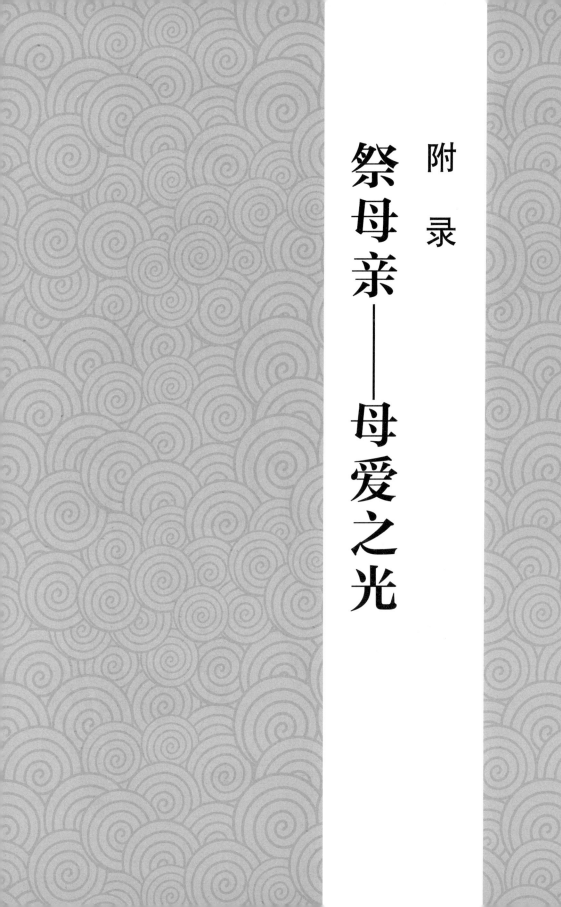

附 录

祭母亲——母爱之光

妈妈：

天不假年。2008年5月22日您溘然过世。儿子的悲痛无人能及，怀念之情与日俱积。默默念想从未间断，一天又一天，一年又一年。及至2012年5月12日，您的孙女问我："袁枚写的祭文是祭谁的？"我在网上看了，伤心透了，我无法抑制自己的悲伤。袁枚他们的兄妹情竟然如此深，但哪里抵得过我对母亲的情深意长。4年来，我没有一天不念想、不悲伤。悲切思念之情，占满整个心灵世界，挥之不去，凄清悲凉。

舅家在邓州城东白牛乡街上，我们家在城西的高集乡王庄村，两地相距30千米，儿时记忆里，道路遥远，交通不便，步行来往极为艰辛，您与我的外公也就是您的父亲，以及我的舅舅，也就是您的兄长，很难相来往。那时，没有电话、没有书信，记忆中，我从未听到过您的念想。多少年哪，我只看到您不停地在为家人操劳、东奔西忙，谁会知道您何时思量、何时念想？夜梦里有多少次回到家乡，依偎在父母的身旁，诉说着生活的艰辛和离别的忧伤？您为了这个家有多少不了情、多少委屈压在心底、憋在心中，谁能计量？亲情别离的泪水一定积成汪洋！无以倾诉，谁来补偿？！

儿时初记事，对舅家相对的小康与咱们家的窘迫，使我产生了无限的遐想。过年时姐姐和兄弟们争着去拜年，我总能如愿。无论与您一起去，还是与姐兄同往，这便是一年中最美好的时光！我总能在心中长久珍藏那些甜美的记忆，睡梦中也常常在舅家深宅大院内外游荡，仿若游历天堂！而今外公、大舅早已不在，由于我长期在外学习和工作，回家的机会变得很少，也因此少有机会再去探望舅家的老表亲们，现在想起来儿时他们给予我的亲情和友谊，以及给我带来的快乐时光，令我终生难忘！每每想起这些往事，都仿佛回到了那美好的时光，那是妈妈带给我的美好回忆和童年的朦胧希望！

我兄弟姐妹六七个，仅靠您和父亲种地干活供养。在那段艰苦的岁月里，缺衣少食，是您节衣缩食、缝缝补补、勤俭持家，我们的这个家才得以延存下来。在那些艰苦的岁月里，主要靠红薯、红薯干、红薯面充饥。现在想起当年常吃的红薯面窝窝头，又黑又硬，时日长了还炸开了花，吃起来如嚼蜡的艰涩。尽管如此，儿时的我，总觉得一年到头虽没有充足的粮食，特别是没有细粮，常有口粮不够吃的时候，但经过购买国家返销粮仍能维持家中不断粮，而有不少邻居家却常有断粮拾荒的时候。现在想来，全仰仗妈妈的精打细算才得以度过灾荒！那个时候，每当新学期开学，往往是儿子最难以度过的时光，因为家里拿不出三五元钱交新学期的学杂费，学校不停地催，老师不停地要，家里东拼西借也仍然交不上，因为家家都是穷得叮当响；有时儿子想要一支新铅笔，您会哄我一天又一天，总是让我把铅笔头写光，等家里的母鸡下了蛋才能去换新铅笔，但有时偏偏那段时间母鸡就是不下蛋，您实在无奈就到邻居家去借来鸡蛋，让我拿去换；每当作业本快用完时，儿子的心里就犯难，知道不能马上买新的，自觉把作业本的背面全写完。而这样做，自己总觉得在老师和同学跟前无颜面。现在想起这些事，仍觉得当时无以复加的难为情。但儿子现在能体会到，当年妈妈更为难！操不完的心，犯不完的难！您总是默默地承受着一切，从未发牢骚、讲埋怨，这种时光年复一年。而今去矣，时光倒流，再也找不回妈妈为儿子操劳的旧时模样，再也无法为妈妈抚平这些因生活困难而带来的无限伤感。现在想来，您操的心、犯的难怎么加怎么算，也算不清算不完！

妈妈呀，多少年，您常常夜晚坐在纺车前，一纺就到五更天，锭子不知转了多少圈，纺的棉花不知有多少担，燃成灰烬的灯芯不知有多少根，烧完了的灯油不知有多少盏。油灯成了您最好的伙伴，可那只不过是带给您黑黢黢的亮光和看不见摸不着的希望啊！坐在织布机前，您不分昼夜地干活，千万次的穿梭使得梭子被磨得光滑极了，简直如宝石般莹润、光华流转！您织完了布，还要买来颜料自己染，儿子记得总是藏青、藏蓝。而后裁剪，为一家老少缝制床单、被子和衣衫。记得有一年，您竟然还织了一些布，缝制成布袋去换钱，是不是有 4 个布袋？是不是换了 20 元钱？那可是您多少个日日夜夜的血汗钱啊！而今去矣，时光倒流，也无法与您分担劳碌与辛酸。您的辛劳、您的奉献，谁来褒扬?! 谁来计算?! 要是现在，谁拿金子我也不换！我要把它放在身边，等我死去也要把它火化了带到阴间，让它与我永远相伴！因为它是妈妈的血汗！是爱的奉献！

为使一家人能在大年初一穿上干净的新鞋、新袜、新衣衫，每当除夕夜，您总是有忙不完的活。年饭准备完，还要缝新、补旧、纳鞋底、上鞋帮，直到黎明前，您还在忙碌着，而儿子却早已进入梦乡，满怀甜蜜地期待着新的来年，一点也不知道体恤您的操劳和煎熬。而今去矣，时光倒流，也无法与妈妈共度这令人难以忘怀的夜晚。若是现在，我宁愿依偎在您的身边，陪伴着您，与您一起无眠，让您感到不再孤单，并能给您带来哪怕一丝、一毫的温暖！

儿时，村东北角是一片紫籽槐林，林地的北边是庄稼地，两地之间是一条遮挡家畜的沟，沟的最东头有一个小水塘，夏天雨后，南北向的渠沟常有由北向南流动的水穿过水塘。记得一个风和日丽的午后，您在那里洗衣服，静谧的田园、明媚的阳光，伴着有节奏的砧杵声，您在不停地洗衣劳作，儿子伴在您身边，少有的敞开心扉，倾诉心声，与您交流，这一幕竟使我终生难忘。那是多少美妙的时光啊！那时我大概在上小学二年级还是三年级？每每忆起这一幕，就总会有一股暖流涌上心头。现在我意识到，沉浸在至诚的母爱之中，能感觉得到她的真实存在！她博大、明亮！她是静谧的光、是率性的奉献、是无限的能量！充满着周边的空间，照耀着你的周身，还穿进你的心房！能感天地、泣鬼神，那是宇宙间存在的大爱无疆！天赐母爱天地间，感受至深难忘怀。而今去矣，妈妈不在了，但妈妈的爱永驻心间。

儿子少时勤奋，初中、高中即离开家到邓州市一中去读书，高中毕业考取大学，从此出了远门。儿子每每离家，您总是很从容地忙碌着，从来没有体察到您有半点的离别忧伤。您是盼儿子成才而将忧伤置于一旁吧？是怕儿子想家、挂念吧？当年我根本不知父母忧，总是坚毅出门，大步流星离开家，不知回头望一望、招招手。现在我才意识到，"黯然销魂者，唯别而已矣"！从初中到高中，再到大学到工作，谁能算得清共有多少次别离？谁能知晓您有多少泪水流下来，又有多少泪水往肚子里咽？该向您诉说的宽心话放在一起该有多长，能讲多久？您失去的精神慰藉在儿子的心里永无尽头！妈妈呀，这是儿子欠您的！而今去矣，时光倒流，也无法消除您深埋在心底里的离别愁！如时光能够倒流，我临行前一定与您促膝长话，为您宽心、为您解忧。

那些年，年景不好，逃荒要饭的人很多，只要这些拾荒的人来到咱家，您总是拿出家里最好的食物接济他们。邻里也是这样，每当谁家有困难，您总是尽最大努力伸出援助之手。慈祥、和善、乐于助人，为人处世，公道正派。这些优秀品德，在乡里口口相传，人人皆知，您在儿子心中成为积善成德的典范。您的形象犹如一轮明月，高高地挂在天上，照耀着我的心田。而今去矣，愈加高尚，弥足珍贵！

改革开放几十年，祖国山河换新貌。我的姐姐、哥哥和两个弟弟的家庭，现在的生活都变得相当宽裕，孩子们工作、学习、生活个个有出息。我的女儿，您的孙女学习一直很用功，是中国人民大学附中的高材生，她从澳大利亚国立大学本科毕业，又申请上了美国约翰·霍普金斯大学的研究生，2017 年 22 岁的她硕士毕业回国，在一家金融机构上班，工作很努力，思想进步素质高。我的爱人，您的儿媳小茜在部队是师级副主任医师，又参加了中国中医科学院举办的西医学中医高级进修班，师从西苑医院国医大师，学有所成，普惠众生。儿子多想您仍健在，儿孙成群享孝道。现在父亲已经 95 岁了，但他的身体还真不错，生活基本能自理，大家都很孝敬他，一心祝他健康快乐又长寿。只求妈妈别担心，有儿子在、兄弟姐妹们在，父亲就会得到很好的照顾。妈妈呀，阴阳两界如天堑，唯有忌日朝天烧。但有一事求妈妈，来世仍收儿作子。

　　尚飨!

儿：王熙元

2012 年 5 月 12 日作，

2024 年 4 月 19 日修改

后 记

　　岁月不居，时节如流，六十载忽焉已过，回首往事如烟。大学毕业刚参加工作的时候，我在一家研究所工作，勤奋读书学习，深感学海无涯。曾想以所从事的专业写一本"导论"，也做了一些读书笔记，写了一些心得体会。但随着阅读范围的不断扩大，以及后来工作变动，这个愿望就搁浅了。但自己的志心未曾有丝毫改变，且日益强烈。2007年因工作变动，我来到新的单位工作。在工作过程中，我发现中国优秀传统文化越看越眼明心亮，仿若发现了"觅母基因"。当我看到国学大师钱穆在《国史大纲》扉页上所提的四句话，欣欣然、始终不能忘怀："凡读本书请先具下列诸信念：一、当信任何一国之国民，尤其是自称知识在水平线以上之国民，对其本国已往历史，应该略有所知。二、所谓对其本国已往历史略有所知者，尤必附随一种对其本国已往历史之温情与敬意。三、所谓对其本国已往历史有一种温情与敬意着，至少不会对其本国历史抱一种偏激的虚无主义。四、当信每一国家必待其国民具备上列诸条件者比较渐多，其国家乃再有向前发展之希望。"于是乎，结合自己六十载人生旅程，围绕中国优秀传统文化主题相关内容，把自己的所学所思所行所得编撰出版，以了心愿。

　　然而，计划永远赶不上变化。近三年来，在各种因缘巧合下，我情不自禁地进入了一个全新的境界：全身心地投入到中国传统文化关于修身做学问之中，并最终体悟发现到了"意密醋眼自在"，感悟到了人生幸福和快乐不竭的源泉，有人称这是"皂君庙悟道"。现在想来，此生真是奇迹。我想说的是，把一个神圣的至高无上的"意密醋眼自在"剖白在大家面前，虽然不是一件十全十美的事情，但它真的是弥足珍贵、意义非凡，是中国传统文化之光。出于责任，我下决心这样做了，取名《心如明镜——幸福与快乐十三讲》。

　　需要特别说明的是，本书编撰过程中，参阅和引用了一些网上资料和其他同人的文章，我们通过多种渠道与有关作者进行了联系，得到了很多作者的大力支持。在此谨向为本书提供资料的作者表示衷心的感谢！但是，由于一些网络文章作者的姓名和地址不详，暂时还无法与他们取得联系，恳请涉及本书内容的作者尽快与我联系，以便做出妥善处理，在此一并致谢！

　　本书的出版工作，得到了中国民主法制出版社领导和编辑部同志的大力支持，使得本书能够在较短时间内顺利出版，在此表示诚挚的谢意！

王熙元

2024 年 9 月于北京